工业和信息化精品系列教材

Applied Mathematics

应用数学

练习册

杨晓英 刘新 ◎ 主编

人民邮电出版社

北京

图书在版编目（CIP）数据

应用数学练习册 / 杨晓英，刘新主编. -- 北京：人民邮电出版社，2024.7
工业和信息化精品系列教材
ISBN 978-7-115-64318-6

Ⅰ. ①应… Ⅱ. ①杨… ②刘… Ⅲ. ①应用数学－习题集 Ⅳ. ①O29-44

中国国家版本馆CIP数据核字(2024)第084465号

内 容 提 要

本书是《应用数学》（人民邮电出版社）的配套练习册，也是四川省"十四五"首批职业教育精品在线开放课程的转化成果．本书涵盖函数及应用、函数与极限、一元函数微分学及应用、一元函数积分学及应用等内容．书中通过由浅入深的大量习题，帮助学生巩固主教材所学知识，提高学生解决实际问题的能力，同时提升学生的数学基本素养．

本书适合作为高等职业院校"高等数学"课程的练习册，也可作为对应用数学感兴趣的读者的参考书．

◆ 主　编　杨晓英　刘　新
责任编辑　王亚娜
责任印制　王　郁　焦志炜

◆ 人民邮电出版社出版发行　北京市丰台区成寿寺路11号
邮编　100164　电子邮件　315@ptpress.com.cn
网址　https://www.ptpress.com.cn
三河市君旺印务有限公司印刷

◆ 开本：787×1092　1/16
印张：7　　　　　　　　　　　　2024年7月第1版
字数：164千字　　　　　　　　　2024年7月河北第1次印刷

定价：32.00元

读者服务热线：(010)81055256　印装质量热线：(010)81055316
反盗版热线：(010)81055315
广告经营许可证：京东市监广登字 20170147 号

本书编委会

主　编：杨晓英　刘　新
副主编：景爱朋　王　云　刘国涛
编　委：郭　曼　李盘润　文　阳
　　　　　伍　星　杨晓波　宋秀英
　　　　　王　雁

前　言

数学，作为一门历史悠久且应用广泛的学科，无论是在自然科学、社会科学还是在工程技术领域，都发挥着不可替代的重要作用，并已成为航空航天、国防安全、生物医药、信息、能源、海洋、人工智能、先进制造等领域不可或缺的支撑．2019年7月，科学技术部、教育部、中国科学院和国家自然科学基金委员会联合印发《关于加强数学科学研究工作方案》，以切实加强我国数学科学研究．

本书全面贯彻党的二十大精神，以社会主义核心价值观为引领．为使内容更好地体现时代性、把握规律性、富于创造性，全书分为4个模块，各模块内容如下．

模块一：函数及应用．本模块通过一系列题目，帮助学生理解函数的基本性质、分段函数、基本初等函数、初等函数等知识点，掌握基本初等函数的性质．

模块二：函数与极限．本模块涵盖极限的概念、两个重要极限、无穷小、无穷大、连续等知识点，帮助学生掌握求极限的方法．

模块三：一元函数微分学及应用．本模块通过大量练习题帮助学生理解导数、微分的概念及其几何意义，使学生掌握四则运算求导法则、复合函数求导法则、特殊类型函数求导方法及微分的计算方法，着重培养学生的数学思维和运用导数解决问题的能力，帮助学生掌握运用导数求函数的单调性、极值与最值和判定曲线的凹凸性等的方法．

模块四：一元函数积分学及应用．本模块通过大量练习题帮助学生理解不定积分、定积分的概念及其几何意义，使学生掌握求积分的不同方法，着重培养学生的数学思维和运用定积分解决问题的能力．

限于作者水平有限，书中难免存在不足之处，恳请广大读者批评指正．

编者
2024年2月

目 录

01 模块一　函数及应用

1.1　集合……………………………1
1.2　函数的概念……………………3
1.3　函数的基本性质………………6
1.4　分段函数………………………8
1.5　基本初等函数…………………10
1.6　复合函数………………………12
1.7　初等函数………………………14

02 模块二　函数与极限

2.1　函数的极限……………………15
2.2　无穷小量与无穷大量…………18
2.3　极限的四则运算法则…………20
2.4　第一个重要极限………………22
2.5　第二个重要极限………………24
2.6　无穷小阶的比较………………26
2.7　无穷小替换定理求极限………28
2.8　函数的连续性…………………30
2.9　函数的间断点…………………32

03 模块三　一元函数微分学及应用

3.1　导数的概念及几何意义………34
3.2　基本初等函数的导数…………37
3.3　左右导数………………………39
3.4　导数的运算法则………………41
3.5　微分的概念……………………44
3.6　微分法则………………………46
3.7　复合函数的求导法则…………49
3.8　高阶导数………………………52
3.9　隐函数求导……………………54
3.10　参数方程求导…………………56
3.11　洛必达法则……………………59
3.12　函数的单调性与凹凸性………62
3.13　函数的极值与最值……………65
3.14　近似计算………………………68

04 模块四 一元函数积分学及应用

- 4.1 原函数与不定积分……………70
- 4.2 不定积分的公式、性质、直接积分法……………73
- 4.3 不定积分的第一类换元积分法（Ⅰ）……………76
- 4.4 不定积分的第一类换元积分法（Ⅱ）……………79
- 4.5 不定积分的第二类换元积分法……………81
- 4.6 不定积分的分部积分法………83
- 4.7 定积分的概念及几何意义……85
- 4.8 定积分的性质………………88
- 4.9 微积分基本定理……………90
- 4.10 定积分的第一类换元积分法……………95
- 4.11 定积分的第二类换元积分法……………98
- 4.12 定积分的分部积分法………101
- 4.13 定积分的应用……………103

模块一

函数及应用

学习小贴士
1. 理解函数的概念和性质.
2. 熟悉常见函数的图像和性质，会求值、求定义域.
3. 熟悉复合函数的分解等.

1.1 集合

一、填空题

1. 设集合 $A = \{0,2,3,5\}$，元素 $a = 3$，则 a＿＿＿＿＿＿A.（填$\in$或$\notin$）
2. 设集合 $A = \{x|x < 2\}$，元素 $a = -3$，则 a＿＿＿＿＿＿A.（填$\in$或$\notin$）
3. 已知整数集为 $\mathbf{Z}$，元素 $a = \dfrac{1}{2}$，则 a＿＿＿＿＿＿$\mathbf{Z}$.（填$\in$或$\notin$）
4. 已知实数集为 $\mathbf{R}$，元素 $a = \sqrt{3}$，则 a＿＿＿＿＿＿$\mathbf{R}$.（填$\in$或$\notin$）

二、判断题

1. 集合 $\{x|0 \leqslant x \leqslant 7\}$ 可表示为区间 $[0,7]$. （ ）
2. 集合 $\{x|x > -3\}$ 可表示为区间 $(-3,+\infty]$. （ ）

三、选择题

1. 已知集合 $A = \{-4,0,5\}$，$B = \{0\}$，则 $A \cap B = ($　　$)$.
   A. $\{0\}$　　　　　　B. $\{-4,0,5\}$　　　　C. 0　　　　　　D. $\varnothing$
2. 已知集合 $A = \{-5,-4,3,7\}$，$B = \{0,3\}$，则 $A \cup B = ($　　$)$.
   A. $\{-5,-4,0,3,3,7\}$　B. $\{-5,-4,0,3,7\}$　C. $\{-5,-4,3,7\}$　D. $\{0,3\}$
3. 已知区间 $U = (-\infty,5]$，$V = (0,+\infty)$，则 $U \cap V = ($　　$)$.
   A. $(0,5)$　　　　　B. $[0,5]$　　　　　C. $[0,5)$　　　　　D. $(0,5]$

四、计算题

1. 已知 $A = \{x | x \geq 5\}$，$B = \{x | x > 4\}$，求 $A \cap B$.

2. 已知 $A = \{x | -2 < x < 3\}$，$B = \{x | -1 < x \leq 10\}$，求 $A \cup B$.

五、开放题

写出关于圆周率 π（3.141592653589⋯）的飞花令，即每一句诗词中分别含有数字三、一、四、一、五、九、二、六、⋯⋯请写出至少5句包含圆周率中连续数字的诗词．

1.2　函数的概念

一、填空题

1. 函数 $y = \sqrt{x-8}$ 的定义域为_____．
2. 函数 $y = \dfrac{1}{x-2}$ 的定义域为_____．
3. 函数 $y = \lg(3x+6)$ 的定义域为_____．
4. 函数 $y = \sqrt{x^2 - 6x + 5}$ 的定义域为_____．
5. 函数 $y = \sqrt{x+1}$ 的定义域是_____．
6. 已知函数 $f(x) = x^2 + 3x$，则 $f(1) =$_____，$f(x-1) =$_____．
7. 函数 $y = \ln(x-3)$ 的定义域是_____．
8. 函数 $y = \dfrac{2}{x-5}$ 的定义域是_____．
9. 函数 $y = \sin x$ 的定义域是_____．
10. 已知函数 $f(x) = 4x + 1$，则 $f(1) =$_____，$f(a) =$_____．
11. 函数 $y = \dfrac{1}{\sqrt{x^2 - 2x - 3}}$ 的定义域是_____．
12. 函数 $y = \dfrac{\sqrt{x-2}}{x-4}$ 的定义域是_____．
13. 已知函数 $f(x) = 2x^2 + 3$，则 $f(2) =$_____，$f(-x) =$_____．
14. $\sin \dfrac{\pi}{4} =$_____．
15. 函数 $y = \sqrt{x^2 - 9}$ 的定义域是_____．

二、判断题

1. 函数 $f(x) = x$ 与 $g(x) = \sqrt{x^2}$ 是同一函数． （　　）
2. 函数 $f(x) = 3x + 2$ 与 $g(t) = 2 + 3t$ 是同一函数． （　　）
3. 函数 $y = \dfrac{x^2 - 1}{x - 1}$ 与 $y = x + 1$ 是同一函数． （　　）
4. 已知函数 $f(x) = \cos x$，则 $f\left(\dfrac{\pi}{3}\right) = \cos \dfrac{\pi}{3} = \dfrac{1}{2}$． （　　）
5. 函数 $y = 3x + 8$ 是增函数． （　　）
6. $\log_c a + \log_c b = \log_c(ab)$． （　　）
7. $\lg 5 - \lg \dfrac{1}{2} = 1$． （　　）
8. $\lg 2 = a$，$\lg 3 = b$，则 $a + b = \lg 6$． （　　）
9. 幂函数的图形都经过点 $(0, 0)$ 和 $(1, 1)$． （　　）
10. 函数 $f(x) = \lg x^2$ 和 $g(x) = 2\lg x$ 是同一函数． （　　）

三、选择题

1. 下列函数中是幂函数的是（   ）.

    A．$y = -x^3$　　　　B．$y = 5x^4$　　　　C．$y = x^{\frac{4}{3}}$　　　　D．$y = x^5 + 2$

2. 幂函数 $f(x) = x^a$（a 为常数）的图像过点 $(2, 8)$，那么 a 的值为（   ）.

    A．3　　　　B．4　　　　C．5　　　　D．6

3. 函数 $f(x) = \sqrt{x^2 - 1}$ 的定义域为（   ）.

    A．$(-\infty, -1]$　　　　B．$[0, +\infty]$　　　　C．$(-\infty, -1] \cup [1, +\infty)$　　　　D．$(1, -\infty)$

4. 函数 $y = \sqrt{x^2 - 3x - 4}$ 的定义域为（   ）.

    A．$(-\infty, -1]$　　　　B．$[4, +\infty)$　　　　C．$(-\infty, -1] \cup [4, +\infty)$　　　　D．$[-1, 4]$

四、计算题

1. 已知 $f(x) = \dfrac{1}{1 + x}$，求 $f(2)$，$f(3 + x)$.

2. 已知 $f(x + 3) = (x + 3)^2 + 5(x + 3) - 1$，求 $f(x)$.

3. 计算 $\lg 25 + \lg 4 + \lg 10$.

4．计算 $\log_5 25 + \lg\dfrac{1}{100} + \ln\sqrt{e}$．

五、开放题

请查阅你出生地所在城市的统计年鉴，记录该城市前一年的人口总数（单位：万人）．假设此后该城市人口的年增长率为1%（不考虑其他因素），请回答：

（1）若经过 x 年该城市的人口总数为 y 万人，请写出 y 关于 x 的函数关系式；

（2）至少需要经过多少年，该城市的人口总数才能翻一番？（精确到1年）

1.3 函数的基本性质

一、填空题

1. 函数 $f(x) = x\sin x$ 是 _____ .（填"奇函数"或"偶函数"）
2. 函数 $f(x) = x(x-1)(x+1)$ 是 _____ .（填"奇函数"或"偶函数"）

二、判断题

1. $y = \tan x$ 在 $\left(-\dfrac{\pi}{2}, \dfrac{\pi}{2}\right)$ 内是有界的． （ ）
2. $y = \sin x$ 在 $(-\infty, +\infty)$ 内是有界的． （ ）
3. $y = 3x - 2$ 在区间 $(-\infty, +\infty)$ 内单调递增． （ ）
4. $y = \sin x$ 是其定义域上的奇函数． （ ）
5. $f(x) = \sin\left(1 + \dfrac{2}{x}\right)$ 为有界函数． （ ）
6. $y = x^2(1 - x^2)$ 是奇函数． （ ）

三、计算题

1. 判断 $y = \sqrt{9 - x^2}$ 的奇偶性．

2. 已知函数 $f(x - 2) = x^2 - 5x$，求 $f(x)$ 的表达式．

3. 求函数 $f(x) = \dfrac{1}{\ln(x + 1)}$ 的定义域．

4. 设函数 $f(x)=\dfrac{x^2}{x-2}$，求 $f(0)$，$f(1)$，$f(x+1)$.

四、开放题

有一首诗："东升西落照苍穹，影短影长角不同．昼夜循环潮起伏，冬春更替草枯荣．"请分析这首诗，它与哪类函数有关，试说明原因．

1.4 分段函数

一、填空题

1. 已知 $f(x)=\begin{cases}3^x, & x\geqslant 0\\ 2x^2+1, & x<0\end{cases}$,则 $f(1)=$ _____.

2. 已知 $f(x)=\begin{cases}\dfrac{\sin x}{2x}, & x<0\\ e^x-\dfrac{1}{2}, & x\geqslant 0\end{cases}$,则 $f(0)=$ _____.

3. 已知 $\varphi(x)=\begin{cases}|\sin x|, & x\leqslant \dfrac{\pi}{3}\\ 0, & x>\dfrac{\pi}{3}\end{cases}$,则 $\varphi\left(-\dfrac{\pi}{6}\right)=$ _____.

4. 已知 $f(x)=\begin{cases}x^2-1, & x>0\\ \sin\left(x-\dfrac{\pi}{2}\right), & x=0\\ 0, & x<0\end{cases}$,则 $f\{f[f(1)]\}=$ _____.

二、判断题

1. $f(x)=\begin{cases}3x+1, & x<0\\ 4, & x=0\\ x^2+2x+1, & x>0\end{cases}$ 的定义域是 $(-\infty,+\infty)$. (　　)

2. $f(x)=\begin{cases}\dfrac{\cos x}{x+1}, & x<0\\ x^2-2x, & x>0\end{cases}$ 的定义域是 $(-\infty,+\infty)$. (　　)

三、计算题

1. 已知函数 $f(x)=\begin{cases}3x, & x\in(-7,-5)\\ x+3, & x\in[-5,5)\\ 1, & x\in[5,+\infty)\end{cases}$,画出函数 $f(x)$ 的图像.

2. 求 k 为何值时，函数 $f(x) = \begin{cases} \dfrac{\sin 2x}{x}, & x < 0 \\ 3x^2 - 2x + k, & x \geq 0 \end{cases}$ 满足 $f(1) = 2$.

四、开放题

分段函数在生活中的应用非常广泛，请同学们开展调查研究，查阅文献资料，收集分段函数在生活中的应用案例，并建立真实的函数．（不少于 2 个）

1.5 基本初等函数

一、填空题

1. 函数 $y = e^x$ 的值域为_____.
2. 函数 $y = \log_2 x$ 的单调区间是_____.
3. 函数 $y = 2^x$ 的单调区间为_____.
4. 函数 $y = \arcsin(x-1)$ 的定义域是_____.
5. $\sin \pi = $_____, $\sin \dfrac{\pi}{3} = $_____, $\cos \dfrac{\pi}{2} = $_____, $\cos \pi = $_____, $\tan \dfrac{\pi}{4} = $_____, $\tan 0 = $_____, $\sin 0 = $_____.
6. $e^0 = $_____, $\ln 1 = $_____, $\ln e = $_____.
7. $\ln \dfrac{b}{a} = \ln b - $_____, $\ln(ab) = \ln a + $_____, $\ln a^b = b$_____.
8. $\log_a M^n = $_____, $\log_a \sqrt{m} = $_____, $a^{\log_a N} = $_____.
9. $a^m \cdot a^n = $_____, $(ab)^n = $_____.
10. $\arcsin 1 = $_____, $\arccos 0 = $_____, $\arctan(-1) = $_____, $\arcsin \dfrac{1}{2} = $_____.

二、判断题

1. $\log_2 7 < \log_2 9$. ( )
2. $\log_{\frac{1}{3}} 8 < \log_{\frac{1}{3}} 18$. ( )

三、计算题

1. 求函数 $y = \arcsin(1 - 3x)$ 的定义域.

2. 求函数 $y = \arccos(3 - x)$ 的定义域.

四、开放题

请同学们总结基本初等函数的知识点,要求如下:

(1) 将基本初等函数的名称、表达式、图像、性质总结完整;

(2) 以思维导图式、罗列式或列表式等方式进行知识点展示.

1.6 复合函数

一、填空题

1. 由函数 $y = \sin u$,$u = 2x$ 复合而成的函数为 _____ .
2. 由函数 $y = \ln u$,$u = v^3$,$v = 2 + x$ 复合而成的函数为 _____ .
3. 函数 $y = \cos(4x + 1)$ 由 _____ 复合而成.
4. 函数 $y = \ln(x - 1)$ 由 _____ 复合而成.
5. 函数 $y = \arcsin(3x + 1)$ 由 _____ 复合而成.
6. 函数 $y = \tan x^3$ 由 _____ 复合而成.
7. 函数 $y = \cos^2 x$ 由 _____ 复合而成.
8. 函数 $f(x) = \sqrt{\sin(2x + 1)}$ 由 _____ 复合而成.
9. 函数 $y = \sin^2(\ln x)$ 由 _____ 复合而成.
10. 函数 $y = \ln \cos \sqrt{x}$ 由 _____ 复合而成.

二、判断题

1. 函数 $y = x + \sin 2x$ 是复合函数. （　　）
2. 函数 $y = e^{-x}$ 是复合函数. （　　）
3. 函数 $y = \arctan \sqrt{x}$ 是复合函数. （　　）
4. 函数 $y = 2^{\sin x}$ 是复合函数. （　　）

三、计算题

1. 请指出下列函数由哪些函数复合而成.

(1) $y = \sqrt[3]{2x + 1}$. (2) $y = 10^{-x^2}$.

(3) $y = \ln \ln \dfrac{x}{2}$. (4) $y = \sqrt{\tan x^2}$.

2. 设 $f(x) = x^2$,$g(x) = 2^x$,求 $f[g(x)]$,$g[f(x)]$.

四、开放题

任意两个基本初等函数都可以复合成一个复合函数吗？请做答并说明理由.

1.7 初等函数

一、填空题

1. $\sqrt{2}, \sqrt[3]{2}, \sqrt[5]{2}, \sqrt[6]{8}, \sqrt[9]{16}$ 从小到大的排列顺序是_____.

2. $\sqrt{(\log_2 5)^2 - 4\log_2 5 + 4} + \log_2 \dfrac{1}{5} = $_____.

3. 已知 $\log_{14} 7 = a$，$\log_{14} 5 = b$，则 $\log_{35} 28 = $_____.

二、判断题

1. 若 $a = \dfrac{\ln 2}{2}$，$b = \dfrac{\ln 3}{3}$，$c = \dfrac{\ln 5}{5}$，则 $a > b > c$. ( )

2. 若 $a = \log_3 7$，$b = 2^{1.1}$，$c = 0.5^{2.1}$，则 $a > b > c$. ( )

三、计算题

1. 化简 $a^2 \cdot \sqrt{a} \cdot \sqrt[4]{a^3}$.

2. 设函数 $f(x) = \begin{cases} 1 + \log_6 x, & x \geq 4 \\ f(x^2), & x < 4 \end{cases}$，求 $f(3) + f(4)$ 的值.

四、开放题

一粥一饭，当思来处不易．尽管我国粮食生产连年丰收，但大家对粮食安全仍要有危机意识．2018年，中国科学院地理科学与资源研究所等机构对多个城市366家餐馆进行实地调研发现，餐饮业人均食物浪费量为93克/(人·餐)，浪费率为11.7%．假设每人日均所需食物为1240g，请对1个月（以30天计算）的食物浪费情况进行计算分析．

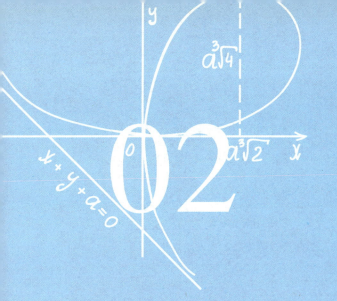

模块二

函数与极限

学习小贴士
1. 理解极限的概念和性质,熟悉左右极限与极限的关系.
2. 学会运用极限的四则运算法则,掌握求极限的各种方法.
3. 理解无穷小、无穷大、连续与间断等概念及相关性质和判定方法.

2.1 函数的极限

一、填空题

1. $\lim\limits_{x \to -\infty} 5^x =$ _____.

2. $\lim\limits_{x \to -\infty} e^x =$ _____.

3. $\lim\limits_{x \to +\infty} \left(\dfrac{1}{6}\right)^x =$ _____.

4. $\lim\limits_{x \to +\infty} \dfrac{1}{x} =$ _____.

5. $\lim\limits_{x \to \infty} \dfrac{1}{x^2} =$ _____.

6. $\lim\limits_{x \to 0} (x+3) =$ _____.

7. $\lim\limits_{x \to +\infty} \left(\dfrac{1}{3}\right)^x =$ _____.

8. $\lim\limits_{x \to 0^+} \ln x =$ _____.

9. $\lim\limits_{x \to 2} (3x+4) =$ _____.

10. $\lim\limits_{x \to 2} \dfrac{x}{2} =$ _____.

11. $\lim\limits_{x \to \frac{\pi}{4}} \cos x =$ _____.

12. $\lim\limits_{x \to -1} (2x-1) =$ _____.

13. $\lim\limits_{x \to -\infty} 9^x =$ _____.

14. $\lim\limits_{x \to \infty} e^x =$ _____.

15. $\lim\limits_{x \to +\infty} \left(\dfrac{1}{9}\right)^x =$ _____.

16. $\lim\limits_{x \to \infty} \dfrac{1}{x^3} =$ _____.

17. $\lim\limits_{x \to \infty} \dfrac{1}{x^2} =$ _____.

18. $\lim\limits_{x \to 0} (x+3) =$ _____.

19. $\lim\limits_{x \to +\infty} \left(\dfrac{1}{3}\right)^x =$ _____.

20. $\lim\limits_{x \to 0^+} \ln x =$ _____.

21. $\lim\limits_{x \to 2}(3x+4) = $ _____ .

22. $\lim\limits_{x \to 2}\dfrac{x}{2} = $ _____ .

23. $\lim\limits_{x \to \frac{\pi}{4}}\cos x = $ _____ .

24. $\lim\limits_{x \to -1}(2x-1) = $ _____ .

25. $\lim\limits_{x \to 1}\arcsin x = $ _____ .

26. $\lim\limits_{x \to 0}|x| = $ _____ .

27. $\lim\limits_{x \to \frac{\pi}{2}}\sin x = $ _____ .

28. $\lim\limits_{x \to e}\ln x = $ _____ .

29. $\lim\limits_{x \to x_0}f(x) = A \Leftrightarrow$ _____ .

30. $\lim\limits_{x \to \infty}f(x) = A \Leftrightarrow$ _____ .

二、判断题

1. 如果 $\lim\limits_{x \to x_0}f(x)$ 存在，则 $f(x)$ 在 x_0 处一定有定义. ( )

2. $\lim\limits_{x \to \infty}10^x$ 存在. ( )

3. 若 $\lim\limits_{x \to x_0^+}f(x) = A$，则 $\lim\limits_{x \to x_0}f(x) = A$. ( )

4. $\lim\limits_{x \to \infty}\arctan x = \dfrac{\pi}{2}$. ( )

三、计算题

1. 设函数 $f(x) = \begin{cases} x^2+1, & x < 0 \\ x, & x \geqslant 0 \end{cases}$，求 $\lim\limits_{x \to 0^-}f(x)$，$\lim\limits_{x \to 0^+}f(x)$；判断 $\lim\limits_{x \to 0}f(x)$ 是否存在.

2. 设 $f(x) = \begin{cases} 5-x, & x < 2 \\ x^2, & x \geqslant 2 \end{cases}$，判断 $\lim\limits_{x \to 2}f(x)$ 是否存在.

3. 设函数 $f(x) = \begin{cases} 2x, & -1 < x < 1 \\ 3, & x = 1 \\ 2x^2, & 1 < x < 2 \end{cases}$，求 $\lim\limits_{x \to 1}f(x)$，$\lim\limits_{x \to 0}f(x)$，$\lim\limits_{x \to \frac{3}{2}}f(x)$.

4．设函数 $f(x)=\begin{cases}\dfrac{x^2-9}{x-3}, & x\neq 3\\ 2, & x=3\end{cases}$，求 $\lim\limits_{x\to 3}f(x)$．

5．如果 $f(x)=\begin{cases}3\mathrm{e}^x, & x<0\\ a-x, & x\geq 0\end{cases}$ 的极限 $\lim\limits_{x\to 0}f(x)$ 存在，求 a 的值．

四、开放题

$0.999\cdots$ 是否等于 1？若不相等，两者相差多少？

2.2 无穷小量与无穷大量

一、填空题

1. $\lim\limits_{x \to 0} (x + \sin x) =$ _____ .

2. $\lim\limits_{x \to 0} x \sin x =$ _____ .

3. $\lim\limits_{x \to 0} x \sin \dfrac{1}{x} =$ _____ .

4. $\lim\limits_{x \to 0} x \cos \dfrac{1}{x} =$ _____ .

5. $\lim\limits_{x \to \infty} \dfrac{1}{x} \sin x =$ _____ .

6. $\lim\limits_{x \to \infty} \dfrac{1}{x} \cos 5x =$ _____ .

7. 当 $x \to 5$ 时，$y = \dfrac{1}{x-5}$ 为 _____ .（填"无穷大量"或"无穷小量"）

8. 当 $x \to \infty$ 时，$y = \dfrac{1}{x-5}$ 为 _____ .（填"无穷大量"或"无穷小量"）

9. 设 $y = \dfrac{x}{x-5}$，当 $x \to$ _____ 时，y 是无穷小量；当 $x \to$ _____ 时，y 是无穷大量.

10. 当 $x \to 0$ 时，$3x^2$ 是 _____ 无穷小量.

11. 当 $x \to$ _____ 时，$x - 1$ 是无穷小量.

12. 当 $x \to$ _____ 时，$\dfrac{1}{x^2}$ 是无穷大量.

13. 当 $x \to$ _____ 时，e^x 是无穷小量.

14. 当 $x \to$ _____ 时，$\ln x$ 是无穷小量.

15. 当 $x \to$ _____ 时，$\left(\dfrac{1}{2}\right)^x$ 是无穷小量.

二、判断题

1. 无限个无穷小量的乘积是无穷小量. （   ）
2. 两个无穷小量的商是无穷小量. （   ）
3. 有界函数和无穷小量的乘积为无穷小量. （   ）
4. 无限个无穷小量的和为无穷小量. （   ）
5. 有限个无穷小量的积为无穷小量. （   ）
6. 0 是无穷小量. （   ）

三、计算题

下列函数当自变量 x 在怎样的趋向下是无穷小量？

(1) $y = \dfrac{x+3}{x-3}$.

(2) $y = \dfrac{x+2}{x^2}$.

(3) $y = \dfrac{1}{3x}$.

(4) $y = \dfrac{x^2}{x+8}$.

四、开放题

"勿以恶小而为之,勿以善小而不为""孤帆远影碧空尽,唯见长江天际流"各隐含了哪些数学原理?

2.3 极限的四则运算法则

一、填空题

1. $\lim\limits_{x \to 0}(x^2 + 2x + 3) = $ _____.

2. $\lim\limits_{x \to -\infty}(2^x + 3) = $ _____.

3. $\lim\limits_{x \to \infty}\left(\dfrac{1}{x} + \dfrac{1}{x^2} - 2\right) = $ _____.

4. $\lim\limits_{x \to 3}\dfrac{x - 3}{x^2 - 9} = $ _____.

5. $\lim\limits_{x \to 4}\dfrac{x^2 - 4x}{x^2 - 16} = $ _____.

6. $\lim\limits_{x \to 1}(x^2 + x - 2) = $ _____.

7. $\lim\limits_{x \to 0}\dfrac{x - 2}{x + 3} = $ _____.

8. $\lim\limits_{x \to \infty}\dfrac{2x^2 + x - 1}{3x^2 - 5} = $ _____.

9. $\lim\limits_{x \to 2}\dfrac{x^2 - 5x + 6}{x - 2} = $ _____.

10. $\lim\limits_{x \to \infty}\dfrac{3x^2 - 2x - 1}{2x^3 - x^2 + 5} = $ _____.

11. $\lim\limits_{x \to \infty}\dfrac{3x^3 + 4x^2 + 2}{7x^3 + 2x^2 - 3} = $ _____.

12. $\lim\limits_{x \to \infty}\dfrac{3x^k + 2x + 3}{x^3 - 3} = 3$,则 $k = $ _____.

13. $\lim\limits_{x \to 0}\dfrac{\sqrt{x + 9} - 3}{x} = $ _____.

14. $\lim\limits_{x \to 3}\dfrac{\sqrt{x + 1} - 2}{x - 3} = $ _____.

15. $\lim\limits_{x \to 0}\dfrac{x}{\sqrt{x + 1} - \sqrt{1 - x}} = $ _____.

16. $\lim\limits_{x \to 2}\dfrac{\sqrt{x + 7} - 3}{x - 2} = $ _____.

17. $\lim\limits_{x \to 0}(\cos x + 2x - 1) = $ _____.

18. $\lim\limits_{x \to +\infty}\left(\dfrac{1}{x^2} + 1\right) = $ _____.

19. $\lim\limits_{x \to \infty}\left(\dfrac{1}{2x} + \dfrac{3}{x^2} - 2\right) = $ _____.

20. $\lim\limits_{x \to 1}\dfrac{x^3 - 1}{x - 1} = $ _____.

21. $\lim\limits_{x \to 4}\dfrac{x^2 - 2x + 8}{x^2 - 16} = $ _____.

22. $\lim\limits_{x \to 0}(e^x + 3x - 2\sin x) = $ _____.

23. $\lim\limits_{x \to 0}\dfrac{x + 2}{2x + 3} = $ _____.

24. $\lim\limits_{x \to \infty}\dfrac{x^2 - x + 3}{2x^2 + 5} = $ _____.

25. $\lim\limits_{x \to 3}\dfrac{x^2 - 2x - 3}{x - 3} = $ _____.

26. $\lim\limits_{x \to \infty}\dfrac{2x^4 - x + 1}{x^3 - x^2 + 2} = $ _____.

二、判断题

1. $\lim\limits_{x \to \infty}\dfrac{x^2 - 9}{(2x + 1)^7} = -9$. ( )

2. $\lim\limits_{x \to \pi}\dfrac{x}{\sin x}$ 不存在. ( )

3. $\lim\limits_{x \to 0}x^2 \sin\dfrac{1}{x} = \lim\limits_{x \to 0}x^2 \cdot \lim\limits_{x \to 0}\sin\dfrac{1}{x}$. ( )

三、计算题

1. 求 $\lim\limits_{x \to 3} \dfrac{x-3}{\sqrt{x+13}-4}$.

2. 求 $\lim\limits_{x \to 2} \dfrac{x^2-4}{\sqrt{x+7}-3}$.

3. 求 $\lim\limits_{x \to 0} \dfrac{x}{\sqrt{x+4}-2}$.

4. 求 $\lim\limits_{x \to 0} \dfrac{\sqrt{x+1}-1}{x}$.

5. 求 $\lim\limits_{x \to \infty} \dfrac{x+\sin x}{x-\sin x}$.

6. 求 $\lim\limits_{x \to 0} \dfrac{x-\tan x}{x+\tan x}$.

2.4 第一个重要极限

一、填空题

1. $\lim\limits_{x \to 0} \dfrac{x}{\sin 6x} = $ _____.

2. $\lim\limits_{x \to 0} \dfrac{2x}{\sin 8x} = $ _____.

3. $\lim\limits_{x \to 0} \dfrac{7x}{\sin x} = $ _____.

4. $\lim\limits_{x \to 0} \dfrac{\sin 7x}{3x} = $ _____.

5. $\lim\limits_{x \to 0} \dfrac{\sin x}{\sin 5x} = $ _____.

6. $\lim\limits_{x \to 0} \dfrac{\sin 2x}{\tan 5x} = $ _____.

7. $\lim\limits_{x \to 0} (\sin 9x \cot 3x) = $ _____.

8. $\lim\limits_{x \to 0} \dfrac{1 - \cos 2x}{x^2} = $ _____.

9. $\lim\limits_{x \to 0} \dfrac{2x}{\sin x} = $ _____.

10. $\lim\limits_{x \to 0} \dfrac{\sin 2x}{\sin 3x} = $ _____.

11. $\lim\limits_{x \to 0} \dfrac{\tan x}{2x} = $ _____.

12. $\lim\limits_{x \to 0} \dfrac{\tan 7x}{3x} = $ _____.

13. $\lim\limits_{x \to 0} \dfrac{\tan 2x}{\sin 5x} = $ _____.

14. $\lim\limits_{x \to 0} \dfrac{\tan 2x}{\tan 5x} = $ _____.

15. $\lim\limits_{x \to 0} (\sin 9x \cot 9x) = $ _____.

16. $\lim\limits_{x \to 0} \dfrac{1 - \cos x}{x^2} = $ _____.

17. $\lim\limits_{x \to 0} \dfrac{\sin 2x}{\sin x} = $ _____.

18. $\lim\limits_{x \to 0} \dfrac{3x^2}{\sin 2x^2} = $ _____.

19. $\lim\limits_{x \to 0} \dfrac{\tan x}{\sin x \cos x} = $ _____.

20. $\lim\limits_{x \to 0} \dfrac{\tan 7x^2}{3x^2} = $ _____.

21. $\lim\limits_{x \to 2} \dfrac{\tan x}{x} = $ _____.

22. $\lim\limits_{x \to \infty} \dfrac{\tan 2x}{5x} = $ _____.

23. $\lim\limits_{x \to 0} (\sin x \cot x) = $ _____.

24. $\lim\limits_{x \to 0} \dfrac{1 - \cos 3x}{x^2} = $ _____.

二、判断题

1. $\lim\limits_{x \to 0} \dfrac{\sin 3x}{2x} = \dfrac{\lim\limits_{x \to 0} \sin 3x}{\lim\limits_{x \to 0} 2x}$.   (　　)

2. $\lim\limits_{x \to \infty} \dfrac{\sin x}{x} = 1$.   (　　)

3. $\lim\limits_{x \to \infty} \dfrac{\tan x}{x} = 1$.   (　　)

4. $\lim\limits_{x \to \infty} \dfrac{\sin mx}{nx} = \dfrac{m}{n}$.   (　　)

三、计算题

1. 求 $\lim\limits_{x \to 0} \dfrac{1 - \cos 2x}{x \tan 3x}$.

2. 求 $\lim\limits_{x \to 0} \dfrac{\tan 5x}{\tan 9x}$.

3. 求 $\lim\limits_{x \to \pi} \dfrac{\sin x}{\pi - x}$.

4. 求 $\lim\limits_{x \to 0^+} \dfrac{x}{\sqrt{1 - \cos x}}$.

5. 求 $\lim\limits_{x \to 0} \dfrac{\sin x + x}{\sin x - 2x}$.

2.5 第二个重要极限

一、填空题

1. $\lim\limits_{x \to \infty} \left(1 + \dfrac{1}{x}\right)^x = $ _____.

2. $\lim\limits_{x \to 2} \left(1 + \dfrac{1}{x}\right)^x = $ _____.

3. $\lim\limits_{x \to \infty} \left(1 + \dfrac{3}{x}\right)^x = $ _____.

4. $\lim\limits_{x \to \infty} \left(1 - \dfrac{7}{x}\right)^x = $ _____.

5. $\lim\limits_{x \to \infty} \left(1 - \dfrac{2}{x}\right)^{3x} = $ _____.

6. $\lim\limits_{x \to \infty} \left(1 + \dfrac{1}{x}\right)^{3x} = $ _____.

7. $\lim\limits_{x \to \infty} \left(1 + \dfrac{1}{4x}\right)^{6x} = $ _____.

8. $\lim\limits_{x \to 0} (1 + 5x)^{\frac{1}{x}} = $ _____.

9. $\lim\limits_{x \to 0} \dfrac{\ln(1 - 2x)}{x} = $ _____.

10. $\lim\limits_{x \to 0} (1 + \tan x)^{\cot x} = $ _____.

11. $\lim\limits_{x \to \infty} \left(1 + \dfrac{1}{3x}\right)^x = $ _____.

12. $\lim\limits_{x \to 2} \left(1 + \dfrac{1}{x}\right)^{2x} = $ _____.

13. $\lim\limits_{x \to \infty} \left(1 + \dfrac{3}{2x}\right)^x = $ _____.

14. $\lim\limits_{x \to \infty} \left(1 - \dfrac{7}{2x}\right)^x = $ _____.

15. $\lim\limits_{x \to \infty} \left(1 - \dfrac{2}{3x}\right)^x = $ _____.

16. $\lim\limits_{x \to \infty} \left(1 + \dfrac{2}{x}\right)^{3x} = $ _____.

17. $\lim\limits_{x \to 0} (1 + 4x)^{\frac{1}{6x}} = $ _____.

18. $\lim\limits_{x \to 0} (1 + 3x)^{\frac{1}{2x}} = $ _____.

19. $\lim\limits_{x \to 0} \dfrac{\ln(1 - x)}{2x} = $ _____.

20. $\lim\limits_{x \to \infty} (1 + \cot x)^{\tan x} = $ _____.

21. $\lim\limits_{x \to \infty} \left(1 + \dfrac{1}{x + 2}\right)^x = $ _____.

22. $\lim\limits_{x \to 3} \left(1 + \dfrac{1}{x - 2}\right)^x = $ _____.

23. $\lim\limits_{x \to \infty} \left(1 + \dfrac{3}{x + 2}\right)^x = $ _____.

24. $\lim\limits_{x \to \infty} \left(1 - \dfrac{7}{x - 2}\right)^x = $ _____.

25. $\lim\limits_{x \to \infty} \left(1 + \dfrac{2}{x + 1}\right)^{3x} = $ _____.

26. $\lim\limits_{x \to \infty} \left(1 + \dfrac{1}{x + 1}\right)^{3x} = $ _____.

二、计算题

1. 求 $\lim\limits_{x \to \infty} \left(1 + \dfrac{2}{x}\right)^{x + 3}$.

2. 求 $\lim\limits_{x \to \infty} \left(\dfrac{x + 1}{x + 2}\right)^x$.

3. 求 $\lim\limits_{x \to \infty} \left(\dfrac{x}{1+x}\right)^x$.

4. $\lim\limits_{x \to \infty} \left(\dfrac{8+x}{x}\right)^{2x}$.

5. $\lim\limits_{x \to 0} \left(\dfrac{3+x}{3-x}\right)^{\frac{1}{x}}$.

6. $\lim\limits_{x \to \frac{\pi}{2}} (1+\cos x)^{2\sec x}$.

三、开放题

假如给你 10 000 元本金，年利率固定，不限制复利次数，如何实现收益最大化？

2.6 无穷小阶的比较

一、填空题

1．当 $x \to 0$ 时，$\sin 4x$ 是 x 的_____无穷小．（填"高阶""低阶""同阶"或"等价"）

2．当 $x \to 0$ 时，$3x + 2x^2$ 是 x 的_____无穷小．（填"高阶""低阶""同阶"或"等价"）

3．当 $x \to 0$ 时，$\sin x^2$ 是 x 的_____无穷小．（填"高阶""低阶""同阶"或"等价"）

4．当 $x \to 3$ 时，$\sin(x-3)$ 是 $x-3$ 的_____无穷小．（填"高阶""低阶""同阶"或"等价"）

5．当 $x \to 5$ 时，$x^2 - 25$ 是 $x-5$ 的_____无穷小．（填"高阶""低阶""同阶"或"等价"）

6．当 $x \to 1$ 时，$x^3 - 1$ 是 $x-1$ 的_____无穷小．（填"高阶""低阶""同阶"或"等价"）

7．当 $x \to 0$ 时，$\ln(1+x)$ 是 x 的_____无穷小．（填"高阶""低阶""同阶"或"等价"）

8．当 $x \to 0$ 时，$\tan 3x$ 是 $3x$ 的_____无穷小．（填"高阶""低阶""同阶"或"等价"）

二、计算题

1．当 $x \to 0$ 时，下列函数哪些是 x 的高阶无穷小，哪些是 x 的同阶无穷小，哪些是 x 的等价无穷小？

（1）$\tan 3x$．

（2）$x^3 + 2x^2$．

（3）$\sin x^2$．

（4）$\ln(1 + 2x)$．

(5) $x^2 + \sin 3x$. (6) $\arcsin x$.

2. 指出下列函数在所示的变化下是无穷小量还是无穷大量.

(1) $10^x (x \to -\infty)$. (2) $\left(\dfrac{1}{30}\right)^x (x \to +\infty)$.

(3) $\dfrac{\sin x}{x} (x \to \infty)$. (4) $\dfrac{\cos x}{x} (x \to 0)$.

(5) $\dfrac{x}{x^2 + 1} (x \to \infty)$. (6) $\dfrac{x-3}{\sin x} (x \to 3)$.

2.7 无穷小替换定理求极限

一、填空题

1. $\lim\limits_{x \to 0} \dfrac{\tan 2x}{\sin 3x} =$ _____.

2. $\lim\limits_{x \to 0} \dfrac{\arcsin x}{2\tan x} =$ _____.

3. $\lim\limits_{x \to 0} \dfrac{\arctan 2x}{\sin 3x} =$ _____.

4. $\lim\limits_{x \to 0} \dfrac{\arcsin 5x}{2\sin 3x} =$ _____.

5. $\lim\limits_{x \to 0} \dfrac{\ln(1+2x)}{3x} =$ _____.

6. $\lim\limits_{x \to 0} \dfrac{\sin 3x^2}{e^{2x^2}-1} =$ _____.

7. $\lim\limits_{x \to 0} \dfrac{\tan 2x^2}{x \sin x} =$ _____.

8. $\lim\limits_{x \to 0} \dfrac{x \sin 2x}{1-\cos x} =$ _____.

9. $\lim\limits_{x \to 2} \dfrac{\tan(2x-4)}{\sin(x-2)} =$ _____.

10. $\lim\limits_{x \to 0} \dfrac{1-\cos 3x}{2x^2} =$ _____.

11. $\lim\limits_{x \to 0} \dfrac{\tan x^2}{x \sin 2x} =$ _____.

12. $\lim\limits_{x \to 0} \dfrac{\arcsin 2x}{\tan 3x} =$ _____.

13. $\lim\limits_{x \to 0} \dfrac{x \arctan 2x}{\sin 3x^2} =$ _____.

14. $\lim\limits_{x \to 0} \dfrac{\ln(1+x^3)}{2x^2 \sin 3x} =$ _____.

15. $\lim\limits_{x \to 0} \dfrac{\ln(1+2x^2)}{x \sin 3x} =$ _____.

16. $\lim\limits_{x \to 0} \dfrac{\sin x^2}{1-e^{x^2}} =$ _____.

17. $\lim\limits_{x \to 0} \dfrac{\tan 2x^2}{x} =$ _____.

18. $\lim\limits_{x \to 0} \dfrac{x \sin 2x}{1-\cos 3x} =$ _____.

19. $\lim\limits_{x \to 2} \dfrac{\tan(2x-4)}{\sin(x-2)} =$ _____.

20. $\lim\limits_{x \to 0} \dfrac{x(1-\cos 4x)}{\sin x^3} =$ _____.

二、计算题

1. $\lim\limits_{x \to 3} \dfrac{\sin(x-3)}{x^2-9}$.

2. $\lim\limits_{x \to 0} \dfrac{\tan x - \sin x}{\sin^2 x}$.

3. $\lim\limits_{x \to 0} \dfrac{\tan 3x}{2x}$.

4. $\lim\limits_{x \to 0} \dfrac{1-\cos 3x}{3x^2}$.

5. $\lim\limits_{x \to 0} \dfrac{\tan x - \sin x}{x^3}$.

6. $\lim\limits_{x \to 0} \dfrac{1 - \cos x}{x \sin x}$.

7. $\lim\limits_{x \to 0} \dfrac{\tan^3 x}{\arcsin x^3}$.

8. $\lim\limits_{x \to 0} \dfrac{\ln(1 + 10x)}{\sin 5x}$.

三、开放题

请整理求极限的方法，创建思维导图.（包含方法名称、适用条件、举例）

2.8 函数的连续性

一、填空题

1. $y = \sqrt{x-4}$ 的连续区间为_____．

2. $y = \ln(3-x)$ 的连续区间为_____．

3. $y = \dfrac{x}{x-2}$ 的连续区间为_____．

4. $y = \sqrt{5-x^2}$ 的连续区间为_____．

5. 函数 $f(x)$ 在点 x_0 处有极限是 $f(x)$ 在点 x_0 处连续的_____条件．（填"充分""必要"或"充要"）

6. $\lim\limits_{x \to 0} e^{x^2+2x+5} =$ _____．

7. $\lim\limits_{x \to 3} \ln(3x+4) =$ _____．

8. $y = \dfrac{\ln x}{x-2}$ 的连续区间为_____．

9. $\lim\limits_{x \to 0} \sqrt{x^3-3x+1} =$ _____．

10. $\lim\limits_{x \to 0} \dfrac{1}{x}\ln(1+x) =$ _____．

二、判断题

1. 函数在一点处连续，则函数在这一点的极限一定存在． （　）
2. 函数在一点处连续，则函数在这一点一定有定义． （　）
3. 函数在一点处连续，则函数在这一点的极限值一定等于函数值． （　）
4. 函数在一点处极限存在，则函数在这一点处连续． （　）
5. 函数在一点处有定义，则函数在这一点处连续． （　）
6. 基本初等函数在定义域内一定是连续的． （　）
7. 设 $\lim\limits_{x \to x_0} f(x)$ 存在，则 $f(x)$ 在 x_0 处连续． （　）
8. 设 $f(x)$ 在 x_0 处连续，则 $\lim\limits_{x \to x_0} f(x)$ 存在． （　）
9. 若 $f(x)$ 在点 x_0 处连续，则 $f(x)$ 在点 x_0 处有可能无定义． （　）
10. 若 $\lim\limits_{x \to x_0^-} f(x) = \lim\limits_{x \to x_0^+} f(x)$，则 $f(x)$ 在点 x_0 处连续． （　）
11. 若 $f(x)$ 在 x_0 处连续，则 $\lim\limits_{x \to x_0} f(x) = f(x_0)$． （　）

三、计算题

1. 判断函数 $f(x) = \begin{cases} x-1, & x < 2 \\ 0, & x = 2 \\ x^2-3, & x > 2 \end{cases}$ 在 $x = 2$ 处是否连续．

2. 设函数 $f(x) = \begin{cases} 3x+1, & x>0 \\ 2, & x=0 \\ \dfrac{\sin x}{x}, & x<0 \end{cases}$,回答下列问题:

(1) 求 $\lim\limits_{x \to 0^-} f(x)$,$\lim\limits_{x \to 0^+} f(x)$;

(2) 判断 $f(x)$ 在 $x=0$ 处是否连续.

3. 讨论函数 $f(x) = \begin{cases} x^2 \sin \dfrac{3}{x}, & x \neq 0 \\ 0, & x=0 \end{cases}$ 在点 $x=0$ 处的连续性.

4. 已知函数 $f(x) = \begin{cases} x^2+1, & x<0 \\ 2x+b, & x \geqslant 0 \end{cases}$ 在点 $x=0$ 处连续,求 b 的值.

5. 若 $f(x) = \begin{cases} \mathrm{e}^{2x}, & -\infty \leqslant x < 0 \\ 5x, & 0 \leqslant x < 1 \\ \mathrm{e}^{2ax} + \mathrm{e}^{ax} + 3, & 1 \leqslant x < +\infty \end{cases}$ 在 $x=1$ 处连续,求 a 的值.

2.9 函数的间断点

一、填空题

1. $f(x) = \dfrac{1}{x-2}$ 的间断点为_____，它属于第_____类间断点.

2. $f(x) = \dfrac{x}{x^2 - 4x}$ 的间断点为_____，它们分别属于第_____类间断点.

3. $f(x) = \dfrac{x-4}{x^2 - 4x}$ 的间断点为_____，它们分别属于第_____类间断点.

4. $f(x) = \dfrac{x^2 - 9}{x - 3}$ 的间断点为_____，它属于第_____类间断点.

5. $f(x) = \dfrac{2x - 2}{x^2 - x}$ 的间断点为_____，它们分别属于第_____类间断点.

6. $f(x) = \begin{cases} x + 1, & x < 1 \\ x, & x \geq 1 \end{cases}$ 的间断点为_____，为_____间断点.

7. $f(x) = \dfrac{e^x - 1}{x}$，则 $x = 0$ 是 $f(x)$ 的_____.（填"可去间断点"或"跳跃间断点"）

8. 函数 $f(x) = \begin{cases} -x^2 + 1, & x \leq 1 \\ 2x^2 - 1, & x > 1 \end{cases}$ 在 $x = 1$ 处_____.（填"连续"或"间断"）

9. $x = \dfrac{\pi}{2}$ 是函数 $y = \dfrac{x}{\tan x}$ 的_____间断点.

二、判断题

1. 设 $\lim\limits_{x \to x_0} f(x)$ 不存在，则 $f(x)$ 在 x_0 处间断. （　　）

2. 函数 $f(x)$ 在 x_0 处无定义，则 $x = x_0$ 为其间断点. （　　）

3. 若 x_0 为 $f(x)$ 的间断点，且 $\lim\limits_{x \to x_0^+} f(x) = \lim\limits_{x \to x_0^-} f(x)$，则 x_0 为跳跃间断点. （　　）

4. 函数 $y = f(x)$ 在 x_0 处间断，则 $\lim\limits_{x \to x_0} f(x)$ 不存在. （　　）

三、计算题

1. 求下列函数的间断点.

（1）$y = \dfrac{1}{(x+2)^2}$.

（2）$y = \dfrac{x^2 - 1}{x^2 - 3x + 2}$.

（3）$y = \dfrac{\sin x}{x}$. 　　　　　　　　　　（4）$y = \dfrac{1}{1-x^2}$.

2. 函数 $f(x) = \begin{cases} x^2 + 3, & x < 0 \\ 2x - 4, & x \geq 0 \end{cases}$ 在 $x = 0$ 处是否间断？如果间断，判断间断点的类型.

3. 函数 $f(x) = \begin{cases} \dfrac{\sin 3x}{x}, & x \neq 0 \\ 2, & x = 0 \end{cases}$ 在 $x = 0$ 处是否间断？如果间断，判断间断点的类型.

4. 求函数 $f(x) = \dfrac{x^2 - 1}{x^2 - 3x + 2}$ 的间断点，并判断其类型.

模块三

一元函数微分学及应用

学习小贴士

1. 理解导数的概念和几何意义，掌握导数的计算方法．
2. 掌握常见函数的导数公式和求导法则．
3. 学会运用基本初等函数的导数求解特殊类型函数的导数．
4. 理解微分的概念，掌握微分的计算方法．
5. 熟悉导数在实际问题中的应用，如单调性判定问题和求极值、最值问题等．
6. 学会利用导数判定曲线的凹凸性，求函数的拐点．
7. 注重提高解决实际问题的能力．

3.1 导数的概念及几何意义

一、填空题

1. $\lim\limits_{\Delta x \to 0} \dfrac{f(x_0 - \Delta x) - f(x_0)}{\Delta x} = $ _____．

2. $\lim\limits_{h \to 0} \dfrac{f(x_0 + h) - f(x_0)}{h} = $ _____．

3. $\lim\limits_{x \to x_0} \dfrac{f(x) - f(x_0)}{x - x_0} = $ _____．

4. 已知 $f'(2) = 8$，则 $\lim\limits_{\Delta x \to 0} \dfrac{f(2 - \Delta x) - f(2)}{\Delta x} = $ _____．

5. 已知 $f'(1) = -2$，则 $\lim\limits_{\Delta x \to 0} \dfrac{f(1 + 3\Delta x) - f(1)}{\Delta x} = $ _____．

6. $\lim\limits_{\Delta x \to 0} \dfrac{f(x_0 - \Delta x) - f(x_0)}{3\Delta x} = $ _____．

7. $\lim\limits_{h \to 0} \dfrac{f(x_0 - 5h) - f(x_0)}{2h} = $ _____．

8. $\lim\limits_{h \to 0} \dfrac{f(x_0 + 2h) - f(x_0 - 3h)}{h} = $ _____．

9. 已知 $f'(0) = 3$，则 $\lim\limits_{\Delta x \to 0} \dfrac{f(2\Delta x) - f(0)}{\Delta x} = $ _____ .

10. 已知 $f'(-1) = 3$，则 $\lim\limits_{\Delta x \to 0} \dfrac{f(-1 + \Delta x) - f(-1)}{-\Delta x} = $ _____ .

11. $f(x) = x^2$ 在 $x = 2$ 处的切线斜率为 _____ .

12. $f(x) = e^x$ 在 $x = 0$ 处的切线斜率为 _____ .

13. $f(x) = \sin x$ 在 $x = \dfrac{\pi}{2}$ 处的切线斜率为 _____ .

14. 函数 $f(x) = \ln x$ 在 $x = 2$ 处的法线斜率为 _____ .

15. 曲线 $y = \sqrt{x}$ 在点 $(1,1)$ 处的切线斜率为 _____ .

16. 曲线 $y = \dfrac{1}{x^2}$ 在点 $(1,1)$ 处的切线斜率为 _____ .

17. 曲线 $y = \cos x$ 在点 $(0,1)$ 处的切线斜率为 _____ .

18. 曲线 $y = x^3$ 在点 $(1,1)$ 处的切线斜率为 _____ .

19. 曲线 $y = \sqrt[3]{x}$ 在点 $(1,1)$ 处的切线斜率为 _____ .

20. 曲线 $y = 2^x$ 在点 $(0,1)$ 处的切线斜率为 _____ .

二、判断题

1. 若函数 $y = f(x)$ 在 x_0 处连续，则函数 $y = f(x)$ 在 x_0 处一定可导. （   ）

2. 若函数 $y = f(x)$ 在 x_0 处可导，则函数 $y = f(x)$ 在 x_0 处一定连续. （   ）

3. 若函数 $y = f(x)$ 在 x_0 处不可导，则在 x_0 处不连续. （   ）

4. 若函数 $y = f(x)$ 在 x_0 处不连续，则在 x_0 处不可导. （   ）

5. 若函数 $y = f(x)$ 在 x_0 处可导，则在 x_0 处的切线斜率一定存在. （   ）

6. 若函数 $y = f(x)$ 在 x_0 处的导数存在，则 $\dfrac{df(x)}{dx}\Big|_{x = x_0} = \dfrac{df(x_0)}{dx}$. （   ）

7. 若函数 $y = f(x)$ 在 x_0 处的导数存在，则 $f'(x)\big|_{x = x_0} = f'(x_0)$. （   ）

三、计算题

1. 设 $f(x) = \sin x$，求 $f'\left(\dfrac{\pi}{2}\right)$.

2. 已知函数 $y = \dfrac{\sqrt{x}}{x^2 \sqrt[3]{x}}$,求 y'.

四、开放题

通常在出国旅游之前,需要兑换一些旅游目的地国家的货币. 如果你计划出国旅游,你想去哪个国家呢?请查询该国法定货币与人民币的汇率,解决以下问题:

(1) 建立人民币兑换成该国法定货币的函数;
(2) 说明该函数属于基本初等函数的哪一类;
(3) 对该函数求导数.

3.2 基本初等函数的导数

一、填空题

1. $\left(x^{\frac{2}{3}}\right)' = $ _____ .
2. $(x^{100})' = $ _____ .
3. $(\sin x)' = $ _____ .
4. $(\ln x)' = $ _____ .
5. $\left(\dfrac{1}{x}\right)' = $ _____ .
6. $(\sqrt{x})' = $ _____ .
7. $(\arctan x)' = $ _____ .
8. $(\arccos x)' = $ _____ .
9. $\left(\dfrac{x^2}{\sqrt{x}}\right)' = $ _____ .
10. $(5^x 2^x)' = $ _____ .
11. $(4)' = $ _____ .
12. $\left(x^3 \sqrt{x}\right)' = $ _____ .
13. $(4^x)' = $ _____ .
14. $\left(\sqrt[4]{x^3}\right)' = $ _____ .
15. $\left(\dfrac{1}{x^9}\right)' = $ _____ .
16. $(\sin 3)' = $ _____ .
17. $(\ln 5)' = $ _____ .
18. $(2^x)' = $ _____ .
19. $(\log_3 x)' = $ _____ .
20. $(\arcsin x)' = $ _____ .
21. $(\text{arccot}\, x)' = $ _____ .
22. $(\lg x)' = $ _____ .
23. $\left(\dfrac{5^x}{10^x}\right)' = $ _____ .
24. $(e)' = $ _____ .
25. $\left(\sqrt{\sqrt{\sqrt{x}}}\right)' = $ _____ .
26. $\left(\dfrac{1}{x^5}\right)' = $ _____ .

二、判断题

1. $(\ln 15)' = \dfrac{1}{15}$. (　　)
2. $(e^2)' = 0$. (　　)
3. $(\cos x)' = \sin x$. (　　)
4. $(x)' = 1$. (　　)

三、计算题

1. 求曲线 $y = 3e^x - x + 1$ 在点 $(0, 4)$ 处的切线方程和法线方程.

2. 求 $f(x) = \ln x$ 在 $x = 1$ 处的切线方程与法线方程.

3. 求 $f(x) = \dfrac{1}{x}$ 在 $x = 1$ 处的切线方程与法线方程.

4. 若曲线 $f(x) = x^3 - 1$ 在点 (x_0, y_0) 处的切线斜率为 3，求点 (x_0, y_0) 的坐标.

5. 已知 $y = 3x$ 是抛物线 $y = x^2 + ax + b$ 在点 $(2,6)$ 处的切线方程，求 a、b 的值.

3.3 左右导数

一、填空题

1. 已知 $f(x) = \begin{cases} e^x, & x \geq 0 \\ x, & x < 0 \end{cases}$，则 $f'_+(0) = $ _____ ，$f'_-(0) = $ _____ ，$f'(0) = $ _____ .

2. 已知 $f(x) = \begin{cases} x^2, & x \geq 0 \\ 2, & x < 0 \end{cases}$，则 $f'_+(0) = $ _____ ，$f'_-(0) = $ _____ ，$f'(0) = $ _____ .

3. 若 $f(x) = \begin{cases} x^2 + 2x, & x \geq 0 \\ \ln ax, & x < 0 \end{cases}$ 在点 $x = 0$ 处可导，则 $a = $ _____ .

4. 若 $f(x) = \begin{cases} ax + 1, & x > 0 \\ \sin x + b, & x \leq 0 \end{cases}$ 在点 $x = 0$ 处可导，则 $a = $ _____ ，$b = $ _____ .

二、判断题

1. 若函数 $y = f(x)$ 在 x_0 处的左右导数都存在且相等，则函数 $y = f(x)$ 在 x_0 处可导．（   ）

2. 函数 $y = f(x)$ 在 x_0 处可导的充要条件是函数 $y = f(x)$ 在 x_0 处的左导数等于右导数．（   ）

三、选择题

1. 若 $f(x) = \begin{cases} a + \sin 2x, & x \geq 0 \\ e^{bx}, & x < 0 \end{cases}$ 在点 $x = 0$ 处可导，则 a、b 的值应为（   ）．

   A．$a = 1$、$b = 2$ B．$a = 2$、$b = 1$ C．$a = 1$、$b = -2$ D．$a = -1$、$b = 2$

2. 函数 $f(x) = \begin{cases} x + 2, & x < 1 \\ 3x - 1, & x \geq 1 \end{cases}$ 在点 $x = 1$ 处（   ）．

   A．可导   B．连续但不可导   C．不连续   D．无定义

3. 函数 $y = f(x)$ 在 x_0 处连续是函数在该点可导的（   ）．

   A．充分条件   B．必要条件   C．充要条件   D．无关条件

4. 函数 $f(x) = |\sin x|$ 在点 $x = 0$ 处（   ）．

   A．$f'(0) = 1$ B．$f'(0) = -1$ C．$f'(0) = \pm 1$ D．$f'(0)$ 不存在

5. 函数 $f(x) = 2|x| - 1$ 在点 $x = 0$ 处（   ）．

   A．可导   B．连续但不可导   C．不连续   D．无定义

四、计算题

1. 求函数 $f(x) = \begin{cases} x + 1, & x > 0 \\ 1 - x^2, & x \leq 0 \end{cases}$ 在 $x = 0$ 处的左右导数，并讨论 $f'(0)$ 是否存在．

2. 讨论函数 $f(x) = |x|$ 在点 $x = 0$ 处的连续性与可导性.

3. 判断函数 $f(x) = \begin{cases} x^2, & x \geq 0 \\ xe^x, & x < 0 \end{cases}$ 在 $x = 0$ 处是否可导.

4. 讨论函数 $f(x) = \begin{cases} x^2, & x \geq 0 \\ x, & x < 0 \end{cases}$ 在 $x = 0$ 处的可导性.

5. 讨论函数 $f(x) = \begin{cases} e^x, & x \leq 0 \\ x + 1, & x > 0 \end{cases}$ 在 $x = 0$ 处的可导性.

6. 若函数 $f(x) = \begin{cases} \dfrac{\ln(1 + x^2)}{x}, & x > 0 \\ ax + b, & x \leq 0 \end{cases}$ 在 $x = 0$ 处可导,求 a、b 的值.

7. 设函数 $f(x) = \begin{cases} x \sin \dfrac{1}{x}, & x \neq 0 \\ 0, & x = 0 \end{cases}$,求 $f'(x)$.

8. 若函数 $f(x) = \begin{cases} e^x, & x > 0 \\ \sin ax^2 + b, & x \leq 0 \end{cases}$ 在 $x = 0$ 处可导,求 a、b 的值.

3.4 导数的运算法则

一、填空题

1. $(5x^3)' = $ _____.   2. $(x + \sin x)' = $ _____.

3. $(x^2 - e^x)' = $ _____.   4. $(x^2 \ln x - 1)' = $ _____.

5. $(x \ln x - \sin x)' = $ _____.   6. $(3x - 2\sin x)' = $ _____.

7. $\left(\dfrac{x+1}{x-1}\right)' = $ _____.   8. $(1 - 2\cos x + \sin 3)' = $ _____.

9. $(3\sqrt{x} - x\sec x)' = $ _____.

10. 已知函数 $f(x) = x^2 + 3x - 1$，则 $f'(-1) = $ _____.

11. 已知函数 $f(x) = x^3 \ln x + 2$，则 $f'(x) = $ _____.

12. 已知函数 $f(x) = \dfrac{x}{x-2}$，则 $f'(1) = $ _____.

13. $(2\tan x + 3^x + \sin 2)' = $ _____.   14. $(e^x \sin x)' = $ _____.

15. $\left(\dfrac{x^2}{\ln x}\right)' = $ _____.

16. 已知函数 $f(x) = x \sin x$，则 $f'(0) = $ _____.

17. $\left(\dfrac{x^2}{\sqrt{x}}\right)' = $ _____.   18. $(1 - 2x\cos x)' = $ _____.

19. $\left(\dfrac{e^x}{x}\right)' = $ _____.   20. $(e^x \ln x)' = $ _____.

二、判断题

1. $(uv)' = u'v + uv'$. (   )

2. 若 u 和 v 均是关于 x 的可导函数，则 $\left(\dfrac{u}{v}\right)' = \dfrac{u'}{v'}$. (   )

3. $\left(\dfrac{2x}{3}\right)' = \dfrac{2}{3}$. (   )

4. 若 v 是关于 x 的可导函数，且 $v \neq 0$，则 $\left(\dfrac{1}{v}\right)' = \dfrac{1}{v'}$. (   )

5. $(x^2 \sin x)' = (x^2)'(\sin x)'$. (   )

三、计算题

1. 求 $y = \dfrac{1 - \sin x}{1 + \sin x}$ 的导数 y'.

2. 求 $y = e^x \cos x + x \sin x - 2$ 在 $x = \pi$ 处的导数 $y'\big|_{x=\pi}$.

3. 设 $f(x) = x^2 \ln x$，求 $f'(2)$，$f'(e)$.

4. 设 $y = \dfrac{x^3 + 2x\sqrt{x} + 5x\sqrt[3]{x}}{\sqrt{x}}$，求 $f'(1)$.

5. 设 $f(x) = x \arctan x$，求 $f'(\dfrac{\pi}{4})$.

6. 求 $y = (x - 1)(x^2 + 3)$ 的导数 y'.

7. 求 $y = \dfrac{1 + x}{x}$ 的导数 y'.

8. 求 $y = \sqrt{x}\,e^x + 2\ln x - 3$ 的导数 y'.

9. 求 $y = 2\sqrt[3]{x} + \dfrac{\ln x}{x} - x\sin x$ 的导数 y'.

10. 求 $y = \dfrac{1}{4}x^4 - e^x 3^x + \csc x$ 的导数 y'.

3.5 微分的概念

一、填空题

1. $dx^2 = $ _____.
2. $d3^x = $ _____.
3. $d(4x + 3) = $ _____.
4. $d(\ln 3x + 2) = $ _____.
5. $d(\sin 4x) = $ _____.
6. $d(x + \arctan x) = $ _____.
7. $d(e^{4-3x}) = $ _____.
8. $d(x^2 \sin x) = $ _____.
9. $d\ln 7x = $ _____ $d7x$.
10. $x^2 dx = d$_____.
11. 函数 $y = f(x)$ 可微的充要条件是_____,且 $dy = $_____.
12. 函数 $y = x^2$ 在 $x = 2$,$\Delta x = 0.1$ 时的改变量 $\Delta y = $_____,微分 $dy = $_____.
13. 函数 $y = x^2 - 3\sin x$ 的微分 $dy = $_____.
14. $d(xe^x) = $ _____.
15. $d(x^2 + \sin x) = $ _____.
16. $d(3x - 1)^{100} = $ _____.
17. $d\left(\dfrac{e^x}{x}\right) = $ _____.
18. $d(\tan 3x + 4) = $ _____.
19. $d(x^2 + 1) = $ _____.
20. $d(\ln x - 3^x) = $ _____.

二、判断题

1. 函数的增量一定大于函数的微分. （　）
2. 函数 $f(x)$ 在 x_0 处可微,则一定在 x_0 处可导. （　）
3. 函数 $y = f(x)$ 在 x_0 处可导的充要条件是 $y = f(x)$ 在 x_0 处可微. （　）

三、计算题

1. 求 $y = \ln(x^2 + 1)$ 的微分 dy.

2. 求 $y = e^{4x}\sin 3x + e^2$ 的微分 dy.

3. 求 $y = \dfrac{x}{1+x^2}$ 在 $x=0$ 处的微分 $dy|_{x=0}$.

4. 求 $y = \sin^2(2x+3)$ 的微分 dy.

5. 求 $y = (1+\sin 3x)^5$ 的微分 dy.

四、开放题

1. 请简要叙述微分的由来.

2. 有这样一首打油诗："凌波能信步，苦海岂无边．函数千千万，一次最简单."请分析这首诗概括了微分的什么特性.

3.6 微分法则

一、填空题

1. d_____ = $\cos x\,dx$.
2. d_____ = $e^x\,dx$.
3. d_____ = $\dfrac{1}{1+x^2}\,dx$.
4. d_____ = $x^5\,dx$.
5. d_____ = $x\,dx$.
6. $x^2\,dx$ = d_____.
7. $d(\sin 5x)$ = _____ $d(5x)$ = _____ dx.
8. $d(\ln 7x)$ = _____ $d(7x)$ = _____ dx.
9. $d(\ln 3x)$ = _____ $d(\ln x)$.
10. $d(x^4 - 3\sin x)$ = _____.
11. $d(\sin 2x)$ = _____ $d(2x)$ = _____ dx.
12. $d(uv)$ = _____.
13. $d(u \pm v)$ = _____.
14. d_____ = $5x\,dx$.
15. d_____ = $\dfrac{1}{\sqrt{x}}\,dx$.

二、判断题

1. $d(e^{2x}) = e^{2x}\,dx$. ( )
2. $d\left(\dfrac{u}{v}\right) = \dfrac{du}{dv}$. ( )
3. $d(\sin 2x) = \cos 2x\,dx$. ( )

三、选择题

已知函数 $y = f(e^x)$ 可微,则下列微分表达式中不成立的是( ).

A. $dy = \left[f(e^x)\right]'dx$
B. $dy = f'(e^x)e^x\,dx$
C. $dy = \left[f(e^x)\right]'d(e^x)$
D. $dy = f'(e^x)d(e^x)$

四、计算题

1. 求 $y = x^2 + 3\ln x$ 的微分 dy.

2. 求 $y = (3x+2)^2$ 的微分 dy.

3. 设 $y = e^x + \arctan x + \pi^2$，求 dy.

4. 设 $y = e^{2x} \cos 3x$，求 dy.

5. 求 $y = (x^3 - 2x + 3)^3$ 的微分 dy.

6. 求 $y = \ln\sqrt{1 + x^2}$ 的微分 dy.

7. 求 $y = xe^x + x\ln x$ 的微分 dy.

8. 求 $y = \sin\dfrac{2 + x^2}{x}$ 的微分 dy.

9. 求 $y = \dfrac{x}{\sqrt{1-x^2}}$ 的微分 dy.

10. 求 $y = \arctan\left(1 + \sqrt{x}\right)$ 的微分 dy.

五、开放题

请简述微分与导数的关系，并推导六大类基本初等函数中某个函数的微分公式.

3.7 复合函数的求导法则

一、填空题

1. $(\sin 5x)' =$ _____ .
2. $(e^{3x})' =$ _____ .
3. $(\cos x^2)' =$ _____ .
4. $[\cos(4x+1)]' =$ _____ .
5. $[\ln(1-4x)]' =$ _____ .
6. $(e^{-x})' =$ _____ .
7. $[\sin^2(2-3x)]' =$ _____ .
8. $(\tan^3 x)' =$ _____ .
9. 已知函数 $f(x) = (x-1)^2$,则 $f'(1) =$ _____ .
10. 已知函数 $f(x) = e^{1-x}$,则 $f'(1) =$ _____ .
11. 已知函数 $f(x) = \ln(1+x^2)$,则 $f'(3) =$ _____ .
12. $\left(\sqrt{x^2-3}\right)' =$ _____ .
13. $\left(\dfrac{\sin 2x}{x}\right)' =$ _____ .
14. 函数 $f(x) = \ln(1-x^2)$,求 $f'(2) =$ _____ .
15. $(x^3 \tan 6x)' =$ _____ .
16. $(\ln \ln x)' =$ _____ .
17. $(x \sin x^2)' =$ _____ .
18. $[\tan(x^2+1)]' =$ _____ .
19. $\left(\dfrac{e^{2x}}{x}\right)' =$ _____ .
20. $\left(\arctan \dfrac{1}{x}\right)' =$ _____ .

二、判断题

1. $(\ln 3x)' = \dfrac{1}{3x}$. （   ）
2. $(\sin^2 x)' = \cos^2 x$. （   ）

三、计算题

1. 求 $y = \ln \dfrac{x+1}{x-1}$ 在 $x=0$ 处的导数 $y'|_{x=0}$.

2. 求 $y = e^{3x} \cos 2x + 2$ 的导数 y'.

3. 已知函数 $y = \cos(4 - 3x)$，求 $\dfrac{dy}{dx}$ 及 $\dfrac{dy}{dx}\big|_{x=0}$.

4. 求函数 $y = \tan 2x \sec 3x$ 的导数 y'.

5. 已知函数 $y = \sin^2(2x + 1)$，求 $\dfrac{dy}{dx}$ 及 $\dfrac{dy}{dx}\big|_{x=0}$.

6. 已知函数 $y = f(2^x)$，求 y'.

7. 已知函数 $f(x) = (x + 1)^2 \log_2 x$，求 $f'(1)$.

8. 已知函数 $y = (1 + x^3)^5$，求 $\dfrac{dy}{dx}$.

9. 已知函数 $y = \sqrt{\ln(1 + x)}$，求 $\dfrac{dy}{dx}$.

10. 已知函数 $y = e^{2\sin x} + 5x$，求 $\dfrac{dy}{dx}$.

11. 请使用两种方法求函数 $f(x) = (x^2 + 1)^2$ 的导数.

四、开放题

剥洋葱和复合函数的分解有什么相似性？

3.8 高阶导数

一、填空题

1. $(\cos x + 1)'' = $ _____ .
2. $(2xe^x - 1)'' = $ _____ .
3. $(x\sin 3x - 1)'' = $ _____ .
4. $(x^2 \ln x - 1)'' = $ _____ .
5. $(e^{\sin x})'' = $ _____ .
6. $(\arcsin x + 9x)'' = $ _____ .
7. $(5x^3 - 4x + 1)''' = $ _____ .
8. 已知函数 $f(x) = e^{3x}$，则 $f''(x) = $ _____ .
9. 已知函数 $f(x) = 2^{\cos x}$，则 $f''(x) = $ _____ .
10. 已知函数 $f(x) = e^{4x^2}$，则 $f''(0) = $ _____ .
11. 已知函数 $y = \ln(1 - x^2)$，则 $y'' = $ _____ .
12. $(\cos^2 x)'' = $ _____ .
13. 已知函数 $y = x^4 + 2x^3 + 3$，则 $y'' = $ _____ .
14. 已知函数 $y = \dfrac{1}{x}$，则 $y'' = $ _____ .
15. 已知函数 $y = x\ln x + 2x$，则 $y'' = $ _____ .

二、判断题

1. $(e^{2x})'' = e^{2x}$. ( )
2. $\left(\ln \dfrac{3}{\pi}\right)'' = 0$. ( )
3. $y'' = (y')'$. ( )
4. $(e^x)^{(n)} = e^x$. ( )
5. $(x^n)''' = nx^{n-3}$. ( )

三、选择题

已知函数 $y = f(x)$ 二阶可导，若 $y = f(2x)$，则 $y'' = $ ( ).

  A. $f''(2x)$ B. $2f''(2x)$ C. $4f''(2x)$ D. $8f''(2x)$

四、计算题

1. 求 $y = (x^3 + 1)^2$ 的二阶导数 y''.

2. 求 $y = \ln(1 + x^2)$ 的二阶导数 y''.

3. 设 $y = x^3 e^{2x}$，求 y''.

4. 设 $y = x^3 \ln x$，求 $y''(e)$.

5. 设 $y = x \arctan x$，求 y''.

6. 求函数 $y = xe^x$ 的 n 阶导数.

7. 求函数 $y = x^{100}$ 的 n 阶导数.

8. 求函数 $y = \sin x$ 的 n 阶导数.

9. 求函数 $y = \cos x$ 的 n 阶导数.

10. 设 $y = x^2 \sin 2x$，求 y''.

3.9 隐函数求导

一、填空题

1. 方程 $x - y + \sin y = 0$，则 $y' =$ _____.
2. 方程 $x^2 - y^2 + e^y = 1$，则 $y' =$ _____.
3. 方程 $x^2 - 3y + e^{2x} = 1$，则 $y' =$ _____.
4. 方程 $x^2 y - \cos y = 3$，则 $y' =$ _____.
5. 方程 $x \sin y - \ln y = 3x^2$，则 $y' =$ _____.
6. 隐函数 $y = 1 - xe^y$，则 $\dfrac{dy}{dx} =$ _____.
7. 隐函数 $y^3 + x^3 - 3xy = 0$ 的导数 $y' =$ _____.
8. 方程 $xy - \sin y = 1$，则 $y' =$ _____.
9. 方程 $xy = \ln(x + y)$，则 $y'|_{x=0} =$ _____.
10. 方程 $y = \tan(x + y)$，则 $y' =$ _____.
11. 方程 $e^2 + xy + e^y = e$，则 $y'|_{x=0} =$ _____.
12. 方程 $y = 1 + x \sin y$，则 $y' =$ _____.
13. 方程 $e^x = \sin(x + y)$，则 $y' =$ _____.
14. 方程 $e^y + xy - x^3 = 0$，则 $y' =$ _____.
15. 方程 $e^{xy} = x + y$，则 $y' =$ _____.

二、计算题

1. 求隐函数 $xy^2 - x^2 y + y^4 = 1$ 的导数.

2. 求隐函数 $\arctan \dfrac{y}{x} = \ln \sqrt{x^2 + y^2}$ 的导数.

3. 求隐函数 $\sin y - xy^2 + \arctan \dfrac{x}{y} = 5$ 的导数.

4. 求隐函数 $x^2y + \ln y - ye^x = 3$ 的导数.

5. 设方程 $xy + \ln x + \ln y = 0$，求 $\dfrac{dy}{dx}$ 及 $\dfrac{d^2y}{dx^2}$.

6. 设方程 $\ln(x^2 + y) = x^3y + \sin x$，求 $\dfrac{dy}{dx}\Big|_{x=0}$.

7. 求曲线 $x^3 - 3y^4 + e^y = 1$ 在点 $(0,0)$ 处的切线方程.

8. 若曲线 $y = x^2 + ax + b$ 与 $2y + 1 = xy^3$ 在点 $(1,-1)$ 处相切，求 a、b 的值.

9. 设方程 $e^{x+2y} + \cos(xy) = \ln 2$，求 $\dfrac{dy}{dx}\Big|_{x=0}$.

3.10 参数方程求导

一、填空题

1. 参数方程 $\begin{cases} x = 2 - 3t \\ y = 6t^2 \end{cases}$ 所确定的函数的导数 $\dfrac{dy}{dx} =$ _____.

2. 参数方程 $\begin{cases} x = \sin 2t \\ y = 3\cos 4t \end{cases}$ 所确定的函数的导数 $\dfrac{dy}{dx} =$ _____.

3. 已知参数方程 $\begin{cases} x = 1 - t^2 \\ y = t - t^3 \end{cases}$,则 $\dfrac{dy}{dx} =$ _____.

4. 已知参数方程 $\begin{cases} x = 2t^2 \\ y = 2t^3 + 3 \end{cases}$,则 $\dfrac{dy}{dx} =$ _____.

5. 已知曲线的参数方程 $\begin{cases} x = \cos t \\ y = \sin \dfrac{t}{2} \end{cases}$,则曲线在 $t = \dfrac{\pi}{3}$ 处切线的斜率为 _____.

6. 曲线 $\begin{cases} x = t \\ y = t^3 \end{cases}$ 在点 $(1,1)$ 处切线的斜率 $k =$ _____.

7. 已知参数方程 $\begin{cases} x = t - \sin t \\ y = 1 - \cos t \end{cases}$,则 $\dfrac{dy}{dx} =$ _____.

8. 已知参数方程 $\begin{cases} x = 1 - t^2 \\ y = t - 2t^3 \end{cases}$,则 $\dfrac{d^2 y}{dx^2} =$ _____.

9. 已知参数方程 $\begin{cases} x = 2\sin t \\ y = \cos t^2 \end{cases}$,则 $\dfrac{dy}{dx} =$ _____.

10. 已知参数方程 $\begin{cases} x = \ln(1+t) \\ y = \dfrac{1}{t} \end{cases}$,则 $\dfrac{dy}{dx} =$ _____.

11. 已知参数方程 $\begin{cases} x = a\cos^3 \theta \\ y = a\sin^2 \theta \end{cases}$,则 $\dfrac{dy}{dx} =$ _____.

12. 已知参数方程 $\begin{cases} x = t - \dfrac{1}{t} \\ y = \dfrac{1}{2}t^2 + \ln t \end{cases}$,则 $\dfrac{dy}{dx} =$ _____.

13. 曲线 $\begin{cases} x = 2e^{-t} \\ y = e^t \end{cases}$ 在 $t = 0$ 处的切线方程为 _____.

14. 已知参数方程 $\begin{cases} x = t + 2 \\ y = \sin t \end{cases}$,则 $\dfrac{dy}{dx} =$ _____.

15. 已知参数方程 $\begin{cases} x = t - \sin t \\ y = 1 - \cos t \end{cases}$,则 $\dfrac{dy}{dx} =$ _____.

16. 已知参数方程 $\begin{cases} x = 2\sin(2x - 1) \\ y = \cos(2x - 1) \end{cases}$,则 $\dfrac{dy}{dx} =$ _____.

17. 已知参数方程 $\begin{cases} x = e^{-t} \\ y = t^2 \end{cases}$，则 $\dfrac{dy}{dx}\bigg|_{t=1} = $ _____.

18. 已知参数方程 $\begin{cases} x = t\arcsin t \\ y = t^2 \end{cases}$，则 $\dfrac{dy}{dx} = $ _____.

19. 已知参数方程 $\begin{cases} x = \ln \sin t \\ y = \dfrac{1}{t} \end{cases}$，则 $\dfrac{dy}{dx} = $ _____.

20. 已知参数方程 $\begin{cases} x = 2^{-t} \\ y = \log_2 t \end{cases}$，则 $\dfrac{dy}{dx} = $ _____.

二、计算题

1. 求曲线 $\begin{cases} x = t \\ y = t^3 \end{cases}$ 在点 $(1,1)$ 处的切线方程和法线方程.

2. 已知参数方程 $\begin{cases} x = \sqrt[3]{1-\sqrt{t}} \\ y = \sqrt{1-t} \end{cases}$，求 $\dfrac{dy}{dx}\bigg|_{x=1}$.

3. 已知参数方程 $\begin{cases} x = \dfrac{1}{t+1} \\ y = \dfrac{t}{(1+t)^2} \end{cases}$，求 $\dfrac{dy}{dx}$.

4. 已知参数方程 $\begin{cases} x = e^t \sin t + 1 \\ y = e^t \cos t \end{cases}$，求 $\dfrac{dy}{dx}\bigg|_{t=\frac{\pi}{2}}$.

5. 求曲线 $\begin{cases} x = \ln \sin t \\ y = 2\cos t \end{cases}$ 在 $t = \dfrac{\pi}{2}$ 处的切线方程和法线方程.

6. 已知参数方程 $\begin{cases} x = \arctan \sqrt{t} \\ y = t - \ln(1+t) \end{cases}$，求 $\dfrac{\mathrm{d}y}{\mathrm{d}x}\Big|_{x=0}$.

7. 已知参数方程 $\begin{cases} x = \ln\sqrt{1+t^2} \\ y = t - \arctan t \end{cases}$，求 $\dfrac{\mathrm{d}^2 y}{\mathrm{d}x^2}$.

8. 求曲线 $\begin{cases} x = te^t \\ e^y + (t+1)^2 = 2 \end{cases}$ 在点 $(0,0)$ 处的切线方程和法线方程.

3.11 洛必达法则

一、填空题

1. $\lim\limits_{x \to 0} \dfrac{2x + \sin x}{x + 2\sin x} = $ _____.

2. $\lim\limits_{x \to 1} \dfrac{x^2 - 1}{2x - 2} = $ _____.

3. $\lim\limits_{x \to 0} \dfrac{e^x - 1}{x^2 + x} = $ _____.

4. $\lim\limits_{x \to 0} \dfrac{\sin 2x}{3x} = $ _____.

5. $\lim\limits_{x \to 0} \dfrac{\ln(4x + 1)}{3x} = $ _____.

6. $\lim\limits_{x \to 0} \dfrac{e^{-x} - e^x}{2x} = $ _____.

7. $\lim\limits_{x \to \infty} \dfrac{\ln x}{x^3} = $ _____.

8. $\lim\limits_{x \to \infty} \dfrac{2x^3}{e^x} = $ _____.

9. $\lim\limits_{x \to 0} \dfrac{1 - \cos x}{x^2} = $ _____.

10. $\lim\limits_{x \to 1} \dfrac{\ln x}{x - 1} = $ _____.

11. $\lim\limits_{x \to \infty} \dfrac{x^2}{x + e^x} = $ _____.

12. $\lim\limits_{x \to +\infty} \dfrac{\dfrac{\pi}{2} - \arctan x}{\dfrac{1}{x}} = $ _____.

13. $\lim\limits_{x \to 0} \dfrac{1 - \cos 2x}{x^2} = $ _____.

14. $\lim\limits_{x \to 0} \dfrac{\ln(1 + x)}{x} = $ _____.

15. $\lim\limits_{x \to 0} \dfrac{\arcsin ax}{bx} = $ _____.

二、判断题

1. $\lim\limits_{x \to 0} \dfrac{\cos x}{3x} = 0$. ( )

2. $\lim\limits_{x \to 0^+} x \ln x = 0$. ( )

3. $\lim\limits_{x \to x_0} \dfrac{f(x)}{g(x)} = \lim\limits_{x \to x_0} \dfrac{f'(x)}{g'(x)} = A$ ( )

4. 所有的 $\dfrac{\infty}{\infty}$、$\dfrac{0}{0}$ 型未定式极限都可以用洛必达法则求. （　　）

三、选择题

1. 利用洛必达法则求极限 $\lim\limits_{x \to 0} \dfrac{x - \sin x}{x^3} = $（　　）．

　　A. 6　　　　　B. $\dfrac{1}{6}$　　　　　C. 3　　　　　D. $\dfrac{1}{3}$

2. 利用洛必达法则求极限 $\lim\limits_{x \to \infty} \dfrac{x^2 - 2x + 1}{x^3} = $（　　）．

　　A. 0　　　　　B. ∞　　　　　C. 1　　　　　D. 不确定

3. 利用洛必达法则求极限 $\lim\limits_{x \to \infty} \dfrac{x^n}{\mathrm{e}^x} = $（　　）．

　　A. 0　　　　　B. ∞　　　　　C. $n!$　　　　　D. 不确定

四、计算题

1. 利用洛必达法则求 $\lim\limits_{x \to 1} \left(\dfrac{2}{x^2 - 1} - \dfrac{1}{x - 1} \right)$．

2. 求 $\lim\limits_{x \to 0} \dfrac{\cos 3x - \cos x}{x^2}$．

3. 求 $\lim\limits_{x \to 0} \dfrac{\tan x - x}{x^3}$．

4. 求 $\lim\limits_{x \to 0} \dfrac{1 - \cos x^2}{x^3 \sin x}$．

5. 求 $\lim\limits_{x \to 0^+} x^{\sin x}$.

6. 讨论能否用洛必达法则求 $\lim\limits_{x \to \infty} \dfrac{x + \cos x}{x}$，若能，请给出结果；若不能，请说明理由，并给出结果.

7. 求 $\lim\limits_{x \to 0} \dfrac{e^x - e^{-x}}{\sin x}$.

8. 求 $\lim\limits_{x \to \infty} \dfrac{(2x + 3)^4}{x^4 + 7x - 3}$.

3.12 函数的单调性与凹凸性

一、填空题

1. 设函数 $y = f(x)$ 在区间 (a,b) 内满足 $f'(x) < 0$，则函数在此区间_____；若 $f'(x) > 0$，则函数在此区间_____.（填"单调递增"或"单调递减"）

2. 函数 $y = x^2 - 5x$ 的单调递增区间为_____，单调递减区间为_____.

3. 函数 $y = x^2 - 4x + 7$ 的单调递增区间为_____，单调递减区间为_____.

4. 函数 $y = x^3 + 6x - 2$ 在 $(-\infty, +\infty)$ 内_____.（填"单调递增"或"单调递减"）

5. 函数 $y = x^3 - 6x^2 + 9x$ 的单调递增区间为_____，单调递减区间为_____.

6. 函数 $y = \sin x$ 在 $(0, 2\pi)$ 上的单调递增区间为_____，单调递减区间为_____.

7. 已知函数 $y = \dfrac{1}{3}x^3 + x^2 + ax - 5$，

   （1）若函数在 $(-\infty, +\infty)$ 总是单调函数，则 a 的取值范围是_____；

   （2）若函数在 $[1, +\infty)$ 上总是单调函数，则 a 的取值范围是_____.

8. 曲线 $y = x^3 - 12x$ 的凹区间为_____，凸区间为_____，拐点为_____.

9. 曲线 $y = \ln x$ 是_____（填"凹"或"凸"）函数.

10. 曲线 $y = x^3 + 1$ 的凹区间为_____，凸区间为_____.

11. 设函数 $y = f(x)$ 在开区间 (a,b) 内具有二阶导数，并且

    （1）在 (a,b) 内有 $f''(x) > 0$，那么 $y = f(x)$ 在 (a,b) 内是_____的；（填"凹"或"凸"）

    （2）在 (a,b) 内有 $f''(x) < 0$，那么 $y = f(x)$ 在 (a,b) 内是_____的.（填"凹"或"凸"）

12. 曲线 $y = x + \ln x$ 的凸区间为_____.

13. 若 $(0, 1)$ 是曲线 $y = x^3 + bx^2 + c$ 的拐点，则 $b = $_____，$c = $_____.

14. 曲线 $y = 1 + \sqrt[3]{x}$ 的拐点为_____.

15. 曲线 $y = x^3 - 2x^2$ 的拐点为_____.

二、判断题

1. 函数 $y = x^3 + 2x + 1$ 在定义域内是单调递增的. （　　）

2. $y = -3x^3 - 2x + 4$ 在定义域内是单调递减的. （　　）

3. 若 $f'(x_0) = 0$，则 $x = x_0$ 为函数 $f(x)$ 的驻点. （　　）

4. 若点 $(x_0, f(x_0))$ 是函数 $y = f(x)$ 的拐点，则 $f''(x_0) = 0$. （　　）

5. 函数 $f(x) = x^4 + 2x^2 - 3$ 在定义域内图像是凹的. （　　）

6. 一元三次函数有唯一的拐点. （　　）

7. 若 $f''(x_0) = 0$，则 x_0 为函数 $y = f(x)$ 的拐点. （　　）

8. 一元四次函数没有拐点. （　　）

三、选择题

1. 设函数 $y = f(x)$ 在区间 (a,b) 内满足 $f'(x) > 0$，且 $f''(x) < 0$，则函数在此区间（　　）．

   A．单调递减且图像是凹的　　　　B．单调递减且图像是凸的

   C．单调递增且图像是凸的　　　　D．单调递增且图像是凹的

2. 函数 $y = 2x^3 + x - 3$ 在 $(-\infty, +\infty)$ 内（　　）．

   A．单调递减　　　B．单调递增　　　C．图像是凹的　　D．图像是凸的

四、计算题

1. 求函数 $f(x) = x^3 - 3x^2 + 5$ 的单调区间．

2. 求函数 $f(x) = x^4 - 4x^3 + 1$ 的单调区间．

3. 讨论函数 $f(x) = 2x^3 - 6x^2 - 18x - 7$ 的单调性．

4. 求曲线 $f(x) = x + x^{\frac{5}{3}}$ 的凹凸区间和拐点．

5. 已知函数 $f(x) = 2x^3 - 6x^2 - 18x + 1$，求其凹凸区间和拐点.

6. 求函数 $y = \sqrt{1 + x^2}$ 的凹凸区间和拐点.

7. 讨论曲线 $y = (x - 1)\sqrt[3]{x^2}$ 的凹凸性及拐点.

3.13 函数的极值与最值

一、填空题

1. 函数 $f(x) = x^3 + 2$ 在区间 $[-2,2]$ 上的最大值与最小值分别为_____.
2. 函数 $f(x) = \dfrac{1}{3}x^3 - x$ 的极大值为_____,极小值为_____.
3. 函数 $f(x) = x^2 - 2x + 3$ 的极小值为_____.
4. 函数 $f(x) = x^3 - 3x + 1$ 的极小值为_____,极大值为_____.
5. 函数 $f(x) = x^3 - 6x$ 在 $[-1,5]$ 上的最大值为_____.
6. 函数 $f(x) = x - e^x$ 在 $x \in [-1,1]$ 上的最小值为_____.
7. 函数 $f(x) = 1 - x^2$ 的极大值为_____.
8. 函数 $f(x) = e^x + 3$ 在 $[1,3]$ 上的最大值为_____.
9. 函数 $f(x) = 2^x$ 在 $[1,5]$ 上的最小值为_____.

二、判断题

1. 函数的极大值一定比极小值大. ( )
2. 若 $f'(x_0) = 0$,则 x_0 为函数 $y = f(x)$ 的极值点. ( )
3. 函数在某点处的极大值是最大值. ( )
4. 函数 $f(x) = x^3 + 3$ 一定存在极值. ( )
5. 单调函数在闭区间上一定存在最大值和最小值. ( )
6. 若点 x_0 是函数 $y = f(x)$ 的极值点,则 $f'(x_0) = 0$. ( )
7. 函数的最值可能为函数的极值. ( )
8. 函数的极值是局部概念,不能取到区间端点对应的值. ( )

三、计算题

1. 求函数 $y = \dfrac{1}{3}x^3 - x^2 - 3x - 3$ 的极值点和极值.

2. 已知函数 $y = 2x^3 - 6x^2 - 18x - 6$,求单调区间和极值.

3. 已知函数 $y = x^4 - 2x^3 + 2$，求单调区间和极值．

4. 求函数 $y = x^4 - 2x^2 + 5$ 在区间 $[-2,2]$ 上的最值．

5. 求函数 $y = x + 2\sqrt{x}$ 在 $[0,4]$ 上的最值．

6. 将边长为1的正方形铁皮的四角各截去一个大小相同的小正方形，然后将铁皮折成一个无盖的方盒，问：截掉的小正方形边长为多少时，所得方盒的容积最大？

7. 某商品在销售单价为 p 元时，每天的需求量是 $x = 18 - \dfrac{p}{2}$，某工厂生产该商品的单位成本（单位：元）是 $C(x) = 100 + 3x + x^2$，问：该工厂每天产量为多少时可使利润最大？这时的商品单价和最大利润分别是多少？

8．某农户要建一个容积为 v 的圆柱形粮仓，问：该粮仓的底部半径 r 和高度 h 的比例为多少时，该粮仓的建造成本最小？

四、开放题

1．某房地产公司有 50 套公寓要出租，当租金定为每个月 1000 元时，公寓能全部租出去．当租金每月增加 100 元时，就会有一套公寓租不出去，而租出去的公寓每月需花 100 元的整修维护费．试讨论：如何设定房租，可使房地产公司获取最大收益？

2．假设有一瓶饮料，包装为圆柱形金属材质．试讨论：当它的容积一定时，它的高度和底面半径应该如何选取，才能使其所用的材料最少？

3.14 近似计算

一、填空题

1. $\sqrt[3]{1.01} \approx$ _____.
2. $e^{0.01} \approx$ _____.
3. $\cos 29° \approx$ _____.
4. $\sin 31° \approx$ _____.
5. $2^{1.01} \approx$ _____.
6. $\ln 1.001 \approx$ _____.
7. $\arctan 0.99 \approx$ _____.
8. $\sqrt[3]{27.01} \approx$ _____.
9. $\cos 89° \approx$ _____.
10. $2.01^3 \approx$ _____.

二、判断题

1. 当 $|x|$ 很小时,$\sin x \approx x$. ( )
2. 如果 $f(x)$ 在 x_0 处可微,且 $f'(x_0) \neq 0$,$|\Delta x|$ 很小,则 $\Delta y \approx dy = f'(x_0)\Delta x$. ( )
3. 在工程中,当 $|x|$ 很小时,$\ln(1+x) \approx x$. ( )
4. 如果 $f(x)$ 在 x_0 处可微,且 $|\Delta x|$ 很小,则 $f(x) \approx f(x_0) + f'(x_0)(x-x_0)$. ( )

三、计算题

1. 利用微分求近似值.

(1) $\sqrt[3]{124}$.

(2) $\arctan 1.01$.

(3) $e^{1.001}$.

(4) $\sqrt[6]{63}$.

(5) $\sin 46°$.

(6) $\tan 31°$.

（7） 2.99^3.

（8） $\cos 91°$.

（9） $\arcsin 0.99$.

2. 现有一圆柱形水管，内径为 R_0，壁厚为 d，请通过微分计算该水管的截面面积.

3. 设有一半径为 10cm 的气球，现用充气筒打气使其半径增加 2cm，问：气球的体积增加了多少？

4. 设有一边长为 8cm 的正方体铁块，通过加热膨胀后边长变为 9cm，问：该铁块的表面积增加了多少？体积增加了多少？

模块四 一元函数积分学及应用

学习小贴士

1. 理解不定积分与定积分的概念和几何意义.
2. 理解定积分的性质.
3. 掌握求不定积分的换元积分法、分部积分法.
4. 掌握求定积分的换元积分法、分部积分法.
5. 掌握求微积分的基本公式.
6. 熟悉定积分在几何上的应用.
7. 注重提高解决实际问题的能力.

4.1 原函数与不定积分

一、填空题

1. 若函数 $f(x)$ 的某个原函数为常数,则 $f(x) =$ _____.
2. 已知 $\int f(x)dx = \sin x + C$,则 $f(x) =$ _____.
3. $\int \sec^2 x \, dx =$ _____.   4. $\int \csc^2 x \, dx =$ _____.
5. 已知 $\int f(x)dx = \cos x + C$,则 $f(x) =$ _____.
6. 已知 $\int f(x)dx = e^x + C$,则 $f(x) =$ _____.
7. 已知 $\int f(x)dx = \dfrac{1}{3}x^3 + C$,则 $f(x) =$ _____.
8. 函数 $f(x)$ 的全体原函数 $F(x) + C$ 称为 $f(x)$ 的_____.
9. $\int x^{99} dx =$ _____.   10. $\int \dfrac{1}{x} dx =$ _____.
11. $\int x^2 \sqrt{x} \, dx =$ _____.   12. $\int \dfrac{1}{1+x^2} dx =$ _____.
13. $\int (\sin x)' dx =$ _____.   14. $\int 5^x dx =$ _____.

二、判断题

1. 若 $F(x)$ 是 $f(x)$ 在区间 I 内的一个原函数，则有 $F(x) = f'(x)$.　　　　　　　(　)

2. $\dfrac{\mathrm{d}}{\mathrm{d}x}\displaystyle\int \dfrac{\sin x}{x}\mathrm{d}x = \dfrac{\sin x}{x}$.　　　　　　　(　)

3. $\displaystyle\int \left(\dfrac{\sin^2 x}{x}\right)' \mathrm{d}x = \dfrac{\sin^2 x}{x} + C$.　　　　　　　(　)

三、选择题

1. 设 $g(x)$ 和 $h(x)$ 是 $f(x)$ 在区间 I 上的两个不同的原函数，则（　　）.

   A. $g(x) + h(x) = C$ 　　　　　B. $g(x)h(x) = C$

   C. $g(x) = Ch(x)$ 　　　　　　D. $g(x) - h(x) = C$

2. 若 $f(x)$ 的一个原函数是 $\ln(2x)$，则 $f'(x) = $（　　）.

   A. $\ln 2x$ 　　　　　　　　　B. $-\dfrac{1}{x^2}$

   C. $\dfrac{1}{x}$ 　　　　　　　　D. $\ln 2x - x$

3. $\displaystyle\int f(x)\mathrm{d}x = x^2 \mathrm{e}^{2x} + C$，则 $f(x) = $（　　）.

   A. $2x\mathrm{e}^{2x}$ 　　　　　　　B. $2x^2\mathrm{e}^{2x}$

   C. $x\mathrm{e}^{2x}$ 　　　　　　　D. $2x\mathrm{e}^{2x}(1+x)$

4. 设 a 是正数，已知 $f(x) = a^x$，$g(x) = a^x \ln a$，则（　　）.

   A. $f(x)$ 是 $g(x)$ 的导数 　　　B. $f(x)$ 是 $g(x)$ 的不定积分

   C. $g(x)$ 是 $f(x)$ 的导数 　　　D. $g(x)$ 是 $f(x)$ 的不定积分

四、计算题

1. 已知曲线在任意一点 (x,y) 处的切线斜率为 $3x^2$，且曲线过点 $(1,3)$，求该曲线的表达式.

2. 已知曲线 $y = f(x)$ 在任意一点 (x,y) 处的切线斜率为 $k = 3x^2 + 5$，且曲线过点 $(0,1)$，求该曲线的表达式.

3. 已知函数 $y=f(x)$ 在任意一点 $(x,f(x))$ 处的切线斜率比该点横坐标的平方根小 2：

（1）求该曲线表达式所有可能的形式；

（2）若已知该曲线经过点 $(2,4)$，求该曲线的表达式．

五、开放题

1. 请分析不定积分和导数的关系．

2. 边际成本、边际收益、边际需求函数都是经济数学中常用的函数，请分析：如何通过边际成本函数求总成本函数，通过边际收益函数求总收益函数，通过边际需求函数求总需求函数？

4.2 不定积分的公式、性质、直接积分法

一、填空题

1. $\int \dfrac{1}{x^2}\,dx = $ _____ .　　2. $\int \dfrac{1}{\sqrt{x}}\,dx = $ _____ .

3. $\int x^{\frac{1}{3}}\,dx = $ _____ .　　4. $\int x^{-\frac{2}{3}}\,dx = $ _____ .

5. $\int 2x\,dx = $ _____ .　　6. $\int \sec^2 x\,dx = $ _____ .

7. $\int (\sin x - \cos x)\,dx = $ _____ .　　8. $\int (2^x + e^x)\,dx = $ _____ .

9. $\int 3\cos x\,dx = $ _____ .　　10. $\int \dfrac{-2}{\sqrt{1-x^2}}\,dx = $ _____ .

11. $\int a^x\,dx = $ _____ .　　12. $\int x^a\,dx = $ _____ .

13. $\int (x^2 + 2x - 5)\,dx = $ _____ .

14. $\int \dfrac{x^3 + 2x^2 - 5x - 7}{x}\,dx = $ _____ .

二、判断题

1. $\int \sin x e^x\,dx = \int \sin x\,dx \cdot \int e^x\,dx$.　　（　　）

2. $\int 5x^2 \sin x\,dx = 5x^2 \int \sin x\,dx$.　　（　　）

3. $\left(\int \dfrac{\sin 2x}{1+x}\,dx \right)' = \dfrac{\sin 2x}{1+x}$.　　（　　）

4. 若 $F'(x) = f(x)$，则 $\int f(x)\,dx = F(x) + C$.　　（　　）

5. $\int \sin x\,dx = \cos x + C$.　　（　　）

三、选择题

1. 下列不定积分中正确的是（　　）.

　A. $\int \dfrac{1}{x}\,dx = \ln|x| + C$　　B. $\int \dfrac{1}{x^3}\,dx = \ln|x^3| + C$

　C. $\int x^5\,dx = 5x^4 + C$　　D. $\int \cos 5x\,dx = \sin 5x + C$

2. 下列不定积分中正确的是（　　）.

　A. $\int \ln x\,dx = \dfrac{1}{x} + C$　　B. $\int \dfrac{1}{x}\,dx = \ln x + C$

　C. $\int x^2\,dx = \dfrac{1}{3}x^3 + C$　　D. $\int \sin 3x\,dx = -\cos 3x + C$

四、计算题

1. 求不定积分 $\int \left(\dfrac{2}{x} - \dfrac{5}{\sqrt{1-x^2}}\right)dx$.

2. 求不定积分 $\int \dfrac{x^2-1}{x^2+1}dx$.

3. 求不定积分 $\int (x^3 + \sqrt[3]{x})dx$.

4. 求不定积分 $\int (2e^x - x^2)dx$.

5. 求不定积分 $\int \left(\sin x + \dfrac{2}{\sqrt{1-x^2}} + \pi\right)dx$.

6. 求不定积分 $\int \tan^2 x\, dx$.

7. 求不定积分 $\int \dfrac{2x^2+1}{x^2(x^2+1)}dx$.

8. 求不定积分 $\int \cos^2 \dfrac{x}{2}\, dx$.

9. 求不定积分 $\int \cot^2 x\, dx$.

10. 求不定积分 $\int x^2 \sqrt{x\sqrt{x\sqrt{x}}}\, dx$.

11. 求不定积分 $\int \left(\dfrac{1-x}{x}\right)^3 dx$.

12. 求不定积分 $\int \dfrac{1-\sin^2 x}{1-\cos 2x} dx$.

13. 求不定积分 $\int \left(\dfrac{3}{1+x^2} + \dfrac{4}{\sqrt{1-x^2}}\right) dx$.

4.3 不定积分的第一类换元积分法（I）

一、填空题

1. $\int e^{7x} dx = $ _____ $\int e^{7x} d(7x)$.

2. $\int \sin 6x \, dx = $ _____ $\int \sin 6x \, d(6x)$.

3. 若 $\int f(x) dx = F(x) + C$，则 $\int f(ax + b) dx = $ _____ $(a \neq 0)$.

4. 设 $f(x)$ 连续可导，则 $\int f'(x^2) dx = $ _____.

5. 已知 $\dfrac{\sin x}{x}$ 是 $f(x)$ 的一个原函数，则 $\int f(x) \cdot \dfrac{\sin x}{x} dx = $ _____.

6. $\int \cos(3x + 1) dx = \dfrac{1}{3} \int \cos(3x + 1) d$_____.

7. $\int \dfrac{x}{x^2 + 5} dx = \dfrac{1}{2} \int \dfrac{x}{x^2 + 5} d$_____.

8. $\int \cos 2x \, dx = $ _____.

9. $\int \sec^2(3x + 1) dx = $ _____.

10. $\int \sin^5 x \, d(\sin x) = $ _____.

11. $\int x \sqrt{x^2 - 3} \, dx = $ _____.

12. $\int \dfrac{1}{2x + 3} dx = $ _____ $\int \dfrac{1}{2x + 3} d(2x + 3)$.

13. $\int \dfrac{\ln x}{x} dx = \int \ln x \, d$_____.

14. $\int x \sqrt{x^2 - 3} \, dx = $ _____.

15. $\int 2x e^{x^2} dx = $ _____.

16. $\int \sin 2x \, dx = $ _____.

17. $\int \cos 5x \, dx = $ _____.

二、选择题

1. 设 $f(x) = \dfrac{1}{1 - x^2}$，则 $f(x)$ 的一个原函数为（　　）.

    A. $\arcsin x$ 　　　　　　　　　　B. $\arctan x$

    C. $\dfrac{1}{2} \ln \left| \dfrac{1 - x}{1 + x} \right|$ 　　　　　　　D. $\dfrac{1}{2} \ln \left| \dfrac{1 + x}{1 - x} \right|$

2. 设 $f(x) = \int \dfrac{e^x + 1}{e^x - 1} dx$，则 $f(x) = ($ $)$．

　　A. $\ln(e^x - 1) + C$ 　　　　　　　B. $\ln(e^x + 1) + C$

　　C. $2\ln(e^x + 1) - x + C$ 　　　　D. $-2\ln(e^x + 1) + C$

3. $\int \dfrac{f'(x)}{1 + (f(x))^2} dx = ($ $)$．

　　A. $\ln|1 + f(x)| + C$ 　　　　　　B. $\dfrac{1}{2}\ln\left|1 + (f(x))^2\right| + C$

　　C. $\arctan f(x) + C$ 　　　　　　　D. $\dfrac{1}{2}\arctan f(x) + C$

三、计算题

1. 求不定积分 $\int (5x + 3)^4 dx$．

2. 求不定积分 $\int \sec^2(6x + 1) dx$．

3. 求不定积分 $\int \sin(3x + 2) dx$．

4. 求不定积分 $\int \cos(5x - 1) dx$．

5. 求不定积分 $\int e^{5x} dx$．

6. 求不定积分 $\int \dfrac{1}{1 + 4x^2} dx$．

7. 求不定积分 $\int \dfrac{x}{1 + x^2} dx$．

8. 求不定积分 $\int 2x^2 e^{x^3} dx$．

9. 求不定积分 $\int \dfrac{2x}{1+x^2} dx$.

10. 求不定积分 $\int \dfrac{\arctan x}{1+x^2} dx$.

11. 求不定积分 $\int \dfrac{1+x+x^2}{x(1+x)^2} dx$.

12. 求不定积分 $\int \dfrac{1-\ln x}{x(\ln x)^2} dx$.

13. 求不定积分 $\int \sin x \cdot e^{\cos x} dx$.

4.4 不定积分的第一类换元积分法（II）

一、填空题

1. $x\,dx = \underline{\qquad} d(x^2+1)$.
2. $x^2\,dx = \underline{\qquad} d(1-x^3)$.
3. $xe^{x^2}\,dx = \underline{\qquad} de^{x^2}$.
4. $dx = \underline{\qquad} d(4x+3)$.
5. $\int 2xe^{x^2}\,dx = \int e^{x^2}\,d\underline{\qquad}$.
6. $\int \dfrac{1}{x\ln x}\,dx = \int \dfrac{1}{\ln x}\,d\underline{\qquad}$.
7. $\int \dfrac{2x}{1+x^2}\,dx = \int \dfrac{1}{1+x^2}\,d\underline{\qquad}$.
8. $\int \dfrac{x}{\sqrt{1-x^2}}\,dx = \int \dfrac{1}{\sqrt{1-x^2}}\,d\underline{\qquad}$.

二、计算题

1. 求不定积分 $\int \dfrac{1}{5-3x}\,dx$.
2. 求不定积分 $\int \dfrac{\ln^2 x}{x}\,dx$.
3. 求不定积分 $\int \dfrac{1}{x\ln x}\,dx$.
4. 求不定积分 $\int xe^{x^2}\,dx$.
5. 求不定积分 $\int \sin x\cos x\,dx$.
6. 求不定积分 $\int \dfrac{(\arctan x)^2}{1+x^2}\,dx$.
7. 求不定积分 $\int \tan^3 x\sec x\,dx$.
8. 求不定积分 $\int \dfrac{dx}{\sqrt{1-9x^2}}$.

9. 求不定积分 $\int \tan x \sec^3 x \, dx$.

10. 求不定积分 $\int \dfrac{1}{e^x + 1} \, dx$.

11. 设函数 $g(x)$ 连续可导，试求 $\int g(ax + b) g'(ax + b) \, dx$，其中 a 是非零常数.

12. 求不定积分 $\int \dfrac{x(1 + x^2) + 1}{1 + x^2} \, dx$.

4.5 不定积分的第二类换元积分法

一、填空题

1. $\sqrt{1-x} = t$，则 $x = $ _____.
2. $\sqrt{1-2x} = t$，则 $x = $ _____.
3. $\sqrt{x+2} = t$，则 $x = $ _____.
4. $\int \dfrac{1}{a^2+x^2} dx = $ _____.
5. $\int \dfrac{1}{x^2-a^2} dx = $ _____.
6. $\int \dfrac{1}{\sqrt{a^2-x^2}} dx = $ _____.

二、计算题

1. 求不定积分 $\int x\sqrt{1-2x}\, dx$.
2. 求不定积分 $\int \dfrac{x}{\sqrt{1+x}}\, dx$.

3. 求不定积分 $\int x\sqrt{1+x}\, dx$.
4. 求不定积分 $\int \dfrac{1}{1+\sqrt{x}}\, dx$.

5. 求不定积分 $\int \dfrac{dx}{1+\sqrt[3]{x}}$.
6. 求不定积分 $\int \dfrac{1}{\sqrt{x^2+4}}\, dx$.

7. 求不定积分 $\int \sqrt{1-x^2}\, dx$.
8. 求不定积分 $\int x\sqrt{x^2-4}\, dx$.

9. 求不定积分 $\int \dfrac{dx}{\sqrt{1+e^x}}$.

10. 求不定积分 $\int \dfrac{x}{\sqrt{5-2x}}dx$.

11. 求不定积分 $\int \dfrac{1}{x\sqrt{1+x}}dx$.

12. 求不定积分 $\int \dfrac{x}{\sqrt{1-x}}dx$.

13. 求不定积分 $\int \dfrac{\sqrt{x}}{\sqrt{x-1}}dx$.

14. 求不定积分 $\int \dfrac{x}{\sqrt{5-x}}dx$.

15. 求不定积分 $\int \dfrac{2}{1+\sqrt[3]{1+x}}dx$.

16. 求不定积分 $\int \dfrac{dx}{x^3\sqrt{x^2-1}}$.

17. 求不定积分 $\int \dfrac{x^3}{\sqrt[4]{3-x}}dx$.

18. 求不定积分 $\int \dfrac{1}{1-\sqrt{4x+1}}dx$.

4.6 不定积分的分部积分法

一、填空题

1. $\int u\,\mathrm{d}v = uv - $ _____.（只填积分即可）

2. $\int x\mathrm{e}^x\,\mathrm{d}x = \int x\,\mathrm{d}$ _____.

3. $\int x\,\mathrm{d}(\cos x) = $ _____.

4. 设 $f(x)$ 的一个原函数为 $\cos x$，则 $\int x\,f'(x)\,\mathrm{d}x = $ _____.

二、计算题

1. 求不定积分 $\int x\sin x\,\mathrm{d}x$.

2. 求不定积分 $\int x\cos x\,\mathrm{d}x$.

3. 求不定积分 $\int x\ln x\,\mathrm{d}x$.

4. 求不定积分 $\int \ln x\,\mathrm{d}x$.

5. 求不定积分 $\int x^2\mathrm{e}^x\,\mathrm{d}x$.

6. 求不定积分 $\int x\mathrm{e}^{4x}\,\mathrm{d}x$.

7. 求不定积分 $\int \mathrm{e}^x\sin x\,\mathrm{d}x$.

8. 求不定积分 $\int x\sin 4x\,\mathrm{d}x$.

9. 求不定积分 $\int x^2 \cos 3x \, dx$.

10. 求不定积分 $\int x^2 \sin x \, dx$.

11. 求不定积分 $\int \arctan x \, dx$.

12. 求不定积分 $\int x \arctan x \, dx$.

13. 求不定积分 $\int x \arcsin x \, dx$.

14. 求不定积分 $\int \arcsin x \, dx$.

15. 求不定积分 $\int \ln\left(x + \sqrt{1+x^2}\right) dx$.

16. 求不定积分 $\int \sin(\ln x) \, dx$.

17. 求不定积分 $\int e^{3x} \sin 4x \, dx$.

18. 求不定积分 $\int e^{4x} \cos 3x \, dx$.

19. 设函数 $f(x)$ 的一个原函数为 $x^2 e^x$，求 $\int x f'(x) \, dx$.

4.7 定积分的概念及几何意义

一、填空题

1. 定积分 $\int_{-3}^{3} \sin 2t\,dt$ 中，积分上限是_____，积分下限是_____，积分区间是_____，积分表达式是_____，被积函数是_____．

2. $\int_{a}^{b} f(x)\,dx = $ _____ $\int_{b}^{a} f(x)\,dx$．

3. 由曲线 $y = x^3$ 与直线 $x = 2$，$x = 4$ 及 x 轴围成的图形的面积 A 用定积分表示为 $A = $ _____．（只填定积分，不计算结果）

4. 由曲线 $y = 3x^5$ 与直线 $x = 1$，$x = 6$ 及 x 轴围成的图形的面积 A 用定积分表示为 $A = $ _____．（只填定积分，不计算结果）

5. 由曲线 $y = x^2 + 1$ 与直线 $x = 1$，$x = 2$ 及 x 轴围成的曲边梯形的面积 A 用定积分表示为 $A = $ _____．（只填定积分，不计算结果）

6. $\left(\int_{1}^{3} \sin x\,dx \right)' = $ _____．

7. 积分 $I_1 = \int_{1}^{2} \dfrac{1}{x}\,dx$ 与 $I_2 = \int_{1}^{2} \dfrac{1}{x^3}\,dx$ 的大小关系为_____．

8. 积分 $I_1 = \int_{2}^{3} \ln x\,dx$ 与 $I_2 = \int_{2}^{3} (\ln x)^2\,dx$ 的大小关系为_____．

9. 积分 $I_1 = \int_{1}^{3} \log_3 x\,dx$ 与 $I_2 = \int_{1}^{3} \log_3 2x\,dx$ 的大小关系为_____．

10. 积分 $I_1 = \int_{0}^{\frac{\pi}{2}} x\,dx$ 与 $I_2 = \int_{0}^{\frac{\pi}{2}} \sin x\,dx$ 的大小关系为_____．

11. 积分 $I_1 = \int_{0}^{\frac{\pi}{2}} \sin x\,dx$ 与 $I_2 = \int_{0}^{\frac{\pi}{2}} \sin^2 x\,dx$ 的大小关系为_____．

二、判断题

1. 定积分的值是由被积函数和积分区间共同决定的，与积分变量无关． （   ）

2. $\int_{a}^{b} f(x)\,dx = \int_{a}^{b} f(t)\,dt$． （   ）

3. $\left[\int_{2}^{8} \cos(8x^2)\,dx \right]' = 0$． （   ）

4. $\int_{a}^{a} f(x)\,dx = 0$． （   ）

三、选择题

下图中阴影部分的面积用定积分表示正确的是（　　）.

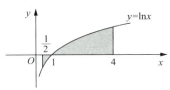

A. $\int_{\frac{1}{2}}^{4} \ln x \, dx$ B. $\int_{1}^{4} \ln x \, dx - \int_{\frac{1}{2}}^{1} \ln x \, dx$ C. $-\int_{\frac{1}{2}}^{4} \ln x \, dx$ D. $\int_{\frac{1}{2}}^{1} \ln x \, dx - \int_{1}^{4} \ln x \, dx$

四、计算题

1. 用定积分表示由曲线 $y = x^2$，直线 $x = 1$，$x = 2$ 及 x 轴所围成的图形的面积.

2. 用定积分表示由直线 $x = 1$，$x = -2$，$y = 0$，$y = x$ 所围成的图形的面积.

3. 根据定积分的定义计算定积分 $\int_{1}^{2} x \, dx$.

4. 根据定积分的定义计算定积分 $\int_{0}^{1} e^x \, dx$.

5. 根据定积分的几何意义求定积分 $\int_{-2}^{2} x^3 \mathrm{d}x$ 的值.

6. 根据定积分的几何意义求定积分 $\int_{0}^{2} (2x + 3) \mathrm{d}x$ 的值.

7. 根据定积分的几何意义求定积分 $\int_{-\pi}^{\pi} \sin x \mathrm{d}x$ 的值.

8. 根据定积分的几何意义求定积分 $\int_{-2}^{2} \sqrt{9 - x^2} \mathrm{d}x$ 的值.

4.8 定积分的性质

一、填空题

1. $\int_9^9 \ln x \, dx = $ _____.

2. $\int_1^9 \ln x \, dx = $ _____ $\int_9^1 \ln x \, dx$. （填"+"或"-"）

3. $\int_1^8 f(x) \, dx = $ _____ $+ \int_3^8 f(x) \, dx$.

4. $\int_2^5 dx = $ _____.

5. $\int_0^{\frac{\pi}{2}} \sin x \, dx$ _____ 0. （填"大于"或"小于"）

6. $\int_{-1}^2 x^2 \, dx$ _____ 0. （填"大于"或"小于"）

7. $\int_0^5 x \, dx = \int_0^3 x \, dx + $ _____.

8. $\int_3^5 \cos x \, dx = $ _____ $\int_5^3 \cos x \, dx$.

9. $\int_{-3}^3 x \, dx = $ _____.

10. $\int_{-1}^8 f(x) \, dx = $ _____ $+ \int_5^8 f(x) \, dx$.

11. 若 $f(x)$ 在 $[a,b]$ 上连续，且 $f(x) > 0$，则 $\int_a^b f(x) \, dx$ 值的符号为 _____. （填"+"或"-"）

12. 设 $f(x)$ 在 $[a,b]$ 上连续，则至少存在一点 $\xi \in [a,b]$，使 $f(\xi) = $ _____.

二、判断题

1. $\int_{-2}^2 dx = 4$. （　　）

2. $\int_1^8 f(x) \, dx = \int_1^{10} f(x) \, dx + \int_{10}^8 f(x) \, dx$. （　　）

3. $\int_1^2 f(x) \, dx = \int_2^1 f(x) \, dx$. （　　）

4. $\int_3^5 f(x) g(x) \, dx = \int_3^5 f(x) \, dx \cdot \int_3^5 g(x) \, dx$. （　　）

5. $\int_1^2 [f(x) + g(x)] \, dx = \int_1^2 f(x) \, dx + \int_1^2 g(x) \, dx$. （　　）

6. $\int_2^4 Cf(x) \, dx = C \int_2^4 f(x) \, dx$. （　　）

7. $\int_a^b dx = b - a$. （　　）

8. 函数 $f(x)$ 在 $[a,b]$ 上连续是 $f(x)$ 在 $[a,b]$ 上可积的充要条件. （　　）

三、选择题

1. 下列定积分中等于 0 的是（　　）.

   A. $\int_{-1}^{1} x^2 \cos x \, dx$ \qquad B. $\int_{-1}^{1} x \sin x \, dx$

   C. $\int_{-1}^{1} (x + \sin x) \, dx$ \qquad D. $\int_{-1}^{1} (e^x + x) \, dx$

2. 由积分中值定理 $\int_{a}^{b} f(x) \, dx = f(\xi)(b - a)$ 可知，其中 ξ 是 $[a,b]$ 上（　　）.

   A. 唯一一点 \qquad B. 区间端点

   C. 必然存在的某点 \qquad D. 中点

四、计算题

利用定积分的性质估计下列积分的值.

(1) $\int_{0}^{2} (3x^4 - 5x^3) \, dx$.　　(2) $\int_{\pi}^{\frac{3\pi}{2}} (1 + \cos^4 x) \, dx$.

4.9 微积分基本定理

一、填空题

1. $\left(\int_a^x f(t)\mathrm{d}t\right)' =$ _____ .

2. $\left(\int_a^x 2^t \sin 2t \mathrm{d}t\right)' =$ _____ .

3. $\int_0^1 x^5 \mathrm{d}x =$ _____ .

4. $\int_0^{\frac{\pi}{2}} \cos x \,\mathrm{d}x =$ _____ .

5. 已知 $\Phi(x) = \int_1^x (1+t)^2 \mathrm{d}t$，则 $\Phi'(x) =$ _____ .

6. $\int_0^1 \mathrm{e}^x \mathrm{d}x =$ _____ .

7. $\int_0^1 x^{100} \mathrm{d}x =$ _____ .

8. $\int_0^{\frac{\pi}{2}} \sin x \mathrm{d}x =$ _____ .

9. $\left(\int_0^{x^3} \mathrm{e}^t \mathrm{d}t\right)' =$ _____ .

10. $\int_0^2 x^2 \mathrm{d}x =$ _____ .

11. $\int_1^5 \frac{1}{x} \mathrm{d}x =$ _____ .

12. 已知 $\Phi(x) = \int_1^{\sqrt{x}} (t^2 - 1)^2 \mathrm{d}t$，则 $\Phi'(x) =$ _____ .

13. 已知 $\Phi(x) = \int_{-x^2}^{\sqrt{x}} (2t - 1)^2 \mathrm{d}t$，则 $\Phi'(x) =$ _____ .

二、判断题

1. $\dfrac{\mathrm{d}}{\mathrm{d}x} \int_0^x f(t)\mathrm{d}t = -f(x)$. （　　）

2. $\dfrac{\mathrm{d}}{\mathrm{d}x} \int_x^b f(t)\mathrm{d}t = -f(x)$. （　　）

3. $\dfrac{\mathrm{d}}{\mathrm{d}x} \int_a^{g(x)} f(t)\mathrm{d}t = f[g(x)] \cdot g'(x)$. （　　）

4. $\dfrac{\mathrm{d}}{\mathrm{d}x} \int_{h(x)}^b f(t)\mathrm{d}t = -f[h(x)] \cdot h'(x)$. （　　）

5. $\dfrac{\mathrm{d}}{\mathrm{d}x} \int_{h(x)}^{g(x)} f(t)\mathrm{d}t = f[g(x)] \cdot g'(x) + f[h(x)] \cdot h'(x)$. （　　）

三、选择题

1. 设 $f(x) = \begin{cases} x^3, & x > 0 \\ x, & x \leqslant 0 \end{cases}$，则 $\int_{-2}^2 f(x)\mathrm{d}x = $（　　）．

   A. $2\int_{-2}^0 x \,\mathrm{d}x$
   B. $2\int_0^2 x^3 \,\mathrm{d}x$
   C. $\int_0^2 x^3 \,\mathrm{d}x + \int_{-2}^0 x \,\mathrm{d}x$
   D. $\int_0^2 x \,\mathrm{d}x + \int_{-2}^0 x^3 \,\mathrm{d}x$

2. $\int_1^x f'(2t)dt = ($ $)$.

   A. $2[f(x) - f(1)]$ B. $f(2x) - f(2)$

   C. $2[f(2x) - f(2)]$ D. $\dfrac{1}{2}[f(2x) - f(2)]$

四、计算题

1. 求定积分 $\int_0^1 e^{2x} dx$.

2. 求定积分 $\int_2^4 (2x + 3) dx$.

3. 求定积分 $\int_0^1 (2x^2 + 3x - 1) dx$.

4. 求定积分 $\int_{-1}^1 \dfrac{x^2 - 1}{1 + x^2} dx$.

5. 求定积分 $\int_{-1}^1 \sqrt{1 - x^2}\, dx$.

6. 求定积分 $\int_{-1}^{\sqrt{3}} \dfrac{1}{1 + x^2} dx$.

7. 求定积分 $\int_2^4 \left(3\sqrt{x} - \dfrac{1}{\sqrt{x}}\right) dx$.

8. 求定积分 $\int_0^{\frac{1}{2}} \dfrac{1}{\sqrt{1 - x^2}} dx$.

9. 求定积分 $\int_0^2 \sqrt{x}(1-x^2)\,dx$.

10. 求定积分 $\int_2^3 \dfrac{(\sqrt{x}-1)^2}{\sqrt{x}}\,dx$.

11. 求定积分 $\int_{\frac{\pi}{3}}^{\frac{\pi}{2}} \sec^2 x\,dx$.

12. 求定积分 $\int_{\frac{3\pi}{2}}^{\pi} \sin^2 \dfrac{x}{2}\,dx$.

13. 求定积分 $\int_0^4 |x-1|\,dx$.

14. 求定积分 $\int_1^4 \dfrac{1}{x^2(1+x^2)}\,dx$.

15. 已知 $f(x)=\begin{cases} 2x+1, & x\leqslant 1 \\ 3x^2, & x>1 \end{cases}$, 求 $\int_0^2 f(x)\,dx$.

16．求下列函数的导数．

(1) $y = \int_0^x e^{t-2} dt$.

(2) $y = \int_0^{\sqrt{x}} \sin 2t \, dt$.

(3) $y = \int_{x^3}^4 \dfrac{\cos t}{t} dt$.

(4) $y = \int_{x^2}^4 \sqrt{1+t^4} \, dt$.

(5) $y = \int_1^{\sin x} \dfrac{1}{\sqrt{1+t^2}} dt$.

(6) $y = x^2 \int_0^x \cos t^2 \, dt$.

17．求下列极限．

(1) $\lim\limits_{x \to 0} \dfrac{\int_0^x \sin t^2 \, dt}{x}$.

(2) $\lim\limits_{x \to 0} \dfrac{\int_x^0 \cos^2 t \, dt}{x^3}$.

（3）$\lim\limits_{x \to 0} \dfrac{1}{x^3} \int_0^x \arcsin t \, dt$.

（4）$\lim\limits_{x \to 0} \dfrac{\int_x^0 \arctan t \, dt}{1 - \cos x^2}$.

（5）$\lim\limits_{x \to 0} \dfrac{\int_0^x \cos t^2 \, dt}{\ln(1-x)}$.

（6）$\lim\limits_{x \to 0} \dfrac{\int_x^0 2t \cos t \, dt}{1 - \cos x^2}$.

4.10 定积分的第一类换元积分法

一、填空题

1. $\int_{-3}^{3} t^2 \mathrm{d}t =$ _____.

2. $\int_{-\pi}^{\pi} \sin x \mathrm{d}x =$ _____.

3. $\int_{-\frac{\pi}{2}}^{\frac{\pi}{2}} \cos x \mathrm{d}x =$ _____.

4. $\int_{0}^{1} x \mathrm{d}x =$ _____.

5. $\int_{-\frac{\pi}{2}}^{\frac{\pi}{2}} \sin^{2023} x \mathrm{d}x =$ _____.

6. $\int_{0}^{\frac{\pi}{2}} \sin 5x \mathrm{d}x =$ _____.

7. $\int_{-1}^{1} x^{99} \mathrm{d}x =$ _____.

8. $\int_{0}^{\pi} \cos 4x \mathrm{d}x =$ _____.

9. $\int_{-1}^{2} \mathrm{e}^{2x+1} \mathrm{d}x =$ _____.

10. 若函数 $f(x)$ 在 $[a,b]$ 上连续，函数 $x = \varphi(t)$ 单调，存在连续导数，且 $\varphi(\alpha) = a$，$\varphi(\beta) = b$，则 $\int_{a}^{b} f(x) \mathrm{d}x =$ _____.

二、计算题

1. 求定积分 $\int_{0}^{2} \dfrac{x}{1+x^2} \mathrm{d}x$.

2. 求定积分 $\int_{0}^{2} x(1-x^2)^3 \mathrm{d}x$.

3. 求定积分 $\int_{1}^{\mathrm{e}} \dfrac{\ln x}{x} \mathrm{d}x$.

4. 求定积分 $\int_{0}^{1} x\mathrm{e}^{x^2} \mathrm{d}x$.

5. 求定积分 $\int_0^1 e^{\frac{x}{2}} dx$.

6. 求定积分 $\int_0^{\frac{\pi}{2}} \sin x \cos^2 x \, dx$.

7. 求定积分 $\int_1^3 \frac{2}{(5x+3)^2} dx$.

8. 求定积分 $\int_0^1 \frac{x}{1+x^4} dx$.

9. 求定积分 $\int_2^4 \frac{e^{\frac{1}{x}}}{x^2} dx$.

10. 求定积分 $\int_e^{e^3} \frac{1}{x \ln x} dx$.

11. 求定积分 $\int_1^{e^3} \frac{\ln x}{x} dx$.

12. 求定积分 $\int_1^{e^2} \frac{1}{x(1+\ln x)} dx$.

13. 求定积分 $\int_0^1 \dfrac{\ln x}{x} dx$.

14. 求定积分 $\int_0^3 \dfrac{x}{1+x^2} dx$.

15. 求定积分 $\int_0^2 \dfrac{1}{e^{-x}+e^x} dx$.

16. 求定积分 $\int_{-2}^0 (e^{-x}-e^x) dx$.

17. 求定积分 $\int_2^4 \dfrac{1}{x(x+2)} dx$.

4.11 定积分的第二类换元积分法

一、填空题

1. 若 $f(x)$ 为奇函数，则 $\int_{-a}^{a} f(x)dx = $ _____.

2. 若 $f(x)$ 为偶函数，则 $\int_{-a}^{a} f(x)dx = $ _____.

二、判断题

1. $\int_{-2}^{2} \cos x\,dx = 2\int_{0}^{2} \cos x\,dx$. ( )

2. $\int_{-1}^{1} x^{2015}\cos x\,dx = 0$. ( )

3. $\int_{0}^{\pi} f(\sin x)dx = 2\int_{0}^{\frac{\pi}{2}} f(\sin x)dx$. ( )

4. $\int_{0}^{\pi} xf(\sin x)dx = \frac{\pi}{2}\int_{0}^{\pi} f(\sin x)dx$. ( )

5. $\int_{0}^{\frac{\pi}{2}} f(\sin x)dx = -\int_{0}^{\frac{\pi}{2}} f(\cos x)dx$. ( )

6. $\int_{0}^{2a} f(x)dx = \int_{0}^{a} [f(x) + f(2a - x)]dx$. ( )

7. $\int_{-a}^{a} f(x)dx = \int_{0}^{a} [f(x) + f(-x)]dx$. ( )

三、计算题

1. 求定积分 $\int_{0}^{4} \dfrac{1}{1+\sqrt{x}}dx$.

2. 求定积分 $\int_{1}^{4} \dfrac{1}{x+\sqrt{x}}dx$.

3. 求定积分 $\int_{0}^{4} \dfrac{x+2}{\sqrt{2x+1}}dx$.

4. 求定积分 $\int_{1}^{2} \dfrac{\sqrt{x-1}}{x}dx$.

5. 求定积分 $\int_0^3 \dfrac{1}{\sqrt{x}\,(1+x)}\,dx$.

6. 求定积分 $\int_1^5 x\sqrt{x-1}\,dx$.

7. 求定积分 $\int_2^4 \dfrac{1}{x\sqrt{x-1}}\,dx$.

8. 求定积分 $\int_0^3 \dfrac{x}{1+\sqrt{x+1}}\,dx$.

9. 求定积分 $\int_{\frac{8}{9}}^1 \dfrac{1}{\sqrt{1-x}-1}\,dx$.

10. 求定积分 $\int_{-10}^1 \dfrac{x+1}{\sqrt{6-3x}}\,dx$.

11. 求定积分 $\int_0^9 \dfrac{1}{1+\sqrt[3]{x}}\,dx$.

12. 求定积分 $\int_0^{\ln 10} \sqrt{e^x-1}\,dx$.

13. 求定积分 $\int_1^{e^2} \dfrac{1}{x\sqrt{\ln x+1}}\,dx$.

14. 求定积分 $\int_1^9 \dfrac{\sqrt{x}}{\sqrt{x-1}}\,dx$.

15. 求定积分 $\int_0^1 \sqrt{1-x^2}\,dx$.

16. 求定积分 $\int_{-3}^3 \sqrt{9-x^2}\,dx$.

17. 求定积分 $\int_1^{\sqrt{5}} x\sqrt{5-x^2}\,dx$.

18. 求定积分 $\int_0^1 \dfrac{1}{\sqrt{(1+x^2)^3}}\,dx$.

4.12 定积分的分部积分法

一、填空题

1. $\int_0^1 x e^x \, dx = $ _____ .

2. $\int_0^{\frac{\pi}{2}} x \cos x \, dx = $ _____ .

3. $\int_1^e x \ln x \, dx = $ _____ .

二、判断题

1. $\int_0^{\frac{\pi}{2}} x^2 \cos x \, dx = \int_0^{\frac{\pi}{2}} x^2 \, dx \cdot \int_0^{\frac{\pi}{2}} \cos x \, dx$. (   )

2. $\int_{-2}^2 x^2 \sin x \, dx = 0$. (   )

3. $\int_a^b u \, dv = uv \Big|_a^b - \int_a^b v \, du$. (   )

4. $\int_0^{\frac{\pi}{2}} x^2 \sin x \, dx = 2 \int_0^{\frac{\pi}{2}} x \, d(\cos x)$. (   )

三、计算题

1. 求定积分 $\int_0^{\frac{\pi}{2}} x \sin x \, dx$.

2. 求定积分 $\int_1^2 x \ln x \, dx$.

3. 求定积分 $\int_1^e (x-1) \ln x \, dx$.

4. 求定积分 $\int_0^{\sqrt{3}} \arctan x \, dx$.

5. 求定积分 $\int_0^{e+1} x \ln(x-1) \, dx$.

6. 求定积分 $\int_0^{\frac{\pi}{2}} x \sin 2x \, dx$.

7. 求定积分 $\int_1^9 \dfrac{\ln x}{\sqrt{x}}\,dx$.

8. 求定积分 $\int_0^1 x\arctan x\,dx$.

9. 求定积分 $\int_0^1 x\cos\pi x\,dx$.

10. 求定积分 $\int_0^1 xe^{2x}\,dx$.

11. 求定积分 $\int_0^1 e^{\sqrt{x}}\,dx$.

12. 求定积分 $\int_1^{e^2} (\ln x)^2\,dx$.

13. 求定积分 $\int_0^9 \ln\left(1+\sqrt{x}\right)dx$.

14. 求定积分 $\int_0^{\frac{\pi}{2}} \cos x(x+\cos x)\,dx$.

4.13 定积分的应用

一、填空题

1. 由 $y = x^2$ 与 $y = 3x$ 围成的平面图形的面积为_____.
2. 由 $y = x^2$ 与 $y = 2 - x$ 围成的平面图形的面积为_____.

二、计算题

1. 求由 $y = x^2 - 2x + 3$ 与 $y = x + 3$ 围成的平面图形的面积.

2. 求由 $y = x^2$ 与 $y = 1 - 3x^2$ 围成的平面图形的面积.

3. 求由 $y = \dfrac{1}{x}$,$y = x$,$y = 3$ 围成的平面图形的面积.

4．求由 $y = \ln x$，$y = \ln 2$，$y = \ln 4$，y 轴围成的平面图形的面积．

5．求由 $y = 3 - x^2$ 与 $y = x + 1$ 围成的平面图形的面积．

6．已知某产品总产量的变化率（单位：件/天）为 $\dfrac{\mathrm{d}\theta}{\mathrm{d}t} = 40 + 12t - 2t^2$，求第 4～10 天的总产量．